10天做好App

Corona SDK

手机游戏开发攻略

魏巍 著

U0338332

化学工业出版社
· 北京 ·

本书用轻松易懂的语言和生动活泼的形式，介绍了在 Corona SDK 平台上开发游戏 App 的技巧。本书首先介绍了 Corona SDK 的简介、下载与安装，然后通过几个简单范例介绍程序开发的基础，包括如何制作按钮、如何摆放位置、如何播放音乐、如何贴图到屏幕上、如何让图片开始移动等，进而通过综合范例介绍怎样把所学技巧整合成一个完整的 App，最后介绍如何把做好的 App 放到手机里面做实机测试以及如何在 iOS 与 Android 平台上架。

本书内容起点低、容易上手，且每个范例均提供源代码解析，步步对照，图文并茂，即便没有任何基础的人在阅读完本书后也可以轻松快速地制作出属于自己的 App！

本书非常适合手机 App 开发初学者、技术人员以及业余爱好者阅读使用。

图书在版编目（CIP）数据

10天做好App——Corona SDK手机游戏开发攻略/魏巍著.—北京：化学工业出版社，2015.5
ISBN 978-7-122-23169-7

Ⅰ.①1… Ⅱ.①魏… Ⅲ.①移动电话机-应用程序-程序设计 Ⅳ.①TN929.53

中国版本图书馆CIP数据核字（2015）第039108号

原繁体版书名：10天做好App：Corona SDK超直觉游戏开发攻略！跨平台、低成本、超快完成
　作者：魏巍
　ISBN 978-986-199-407-9
本书中文繁体字版本由城邦文化事业股份有限公司电脑人文化在台湾地区出版，今授权化学工业出版社在中国大陆地区出版其中文简体字平装本版本。该出版权受法律保护，未经书面同意，任何机构与个人不得以任何形式进行复制、转载。
　项目合作：锐拓传媒copyright@rightol.com

北京市版权局著作权合同登记号：01-2014-4037

责任编辑：李军亮　耍利娜　　　　　　装帧设计：刘丽华
责任校对：吴　静

出版发行：化学工业出版社(北京市东城区青年湖南街 13 号　邮政编码 100011)
印　　装：北京画中画印刷有限公司
710mm×1000mm　1/16　印张19¼　字数367千字　2016年1月北京第1版第1次印刷

购书咨询：010-64518888 (传真：010-64519686)　售后服务：010-64518899
网　　址：http://www.cip.com.cn
凡购买本书，如有缺损质量问题，本社销售中心负责调换。

定　　价：88.00元　　　　　　　　　　　　　　　　版权所有　违者必究

推荐序一

在一次手机移动应用开发者的聚会上，我与魏巍先生见面了，这个聚会是在台北敦化北路的 Friday 举行，据说那场聚会有超过五个、App 超过百万下载的开发者在场，就当时手机应用开发圈来说，算是冠盖云集了。记得我与魏巍先生是在脸书上因为讨论 Corona SDK 问题而互相加好友的，在这样的场合坐同桌，一起聊应用开发，实在开心。我也同时发现，多才多艺的魏巍先生，是非常罕见的全能开发者，他可以从企划脚本、美术设计、程序撰写、音乐音效，甚至产品营销都一个人搞定，真是令人印象深刻。

我使用 Corona SDK 开发 App 已经有好几年了，看着这个产品从初创天天更新日日补丁的系统，变到现在稳定快速，日流量上亿次，用户蒸蒸日上。好像整个见证了一个 Mobile App 的开创纪元。由于我是台湾地区最早一批的 Corona 开发者（若不是第一也应该 是前五名），所以我就向 Corona SDK 原厂要了一个大使的头衔 Ambassador，自动自发地帮忙在台湾地区推广这个开发工具。拜 Mobile App 的大浪潮所赐，到现在 Corona SDK 已经有近千名的台湾地区用户。

Corona 又做了一个勇敢的大挑战，推出 Corona SDK starter 版本， 把以前要缴年费才能上架 App store / Google Play store 的开发工具，变成免费，让大家都能使用。我相信就像"移动应用"这个市场一样，我们都处在一个即将爆发的科技大潮流里，欢迎大家都跟我一样，加入潮流变成一个"移动应用"的开发者吧。话说回到 1997 年，因特网上的网站数量那时候第一次超过百万个，真是个不可思议的数字，Google、Facebook、Wikipedia 这些著名网站也还没出生， 人们想象不到十几年后的今天，网站数会有 5 亿个之多。所以今天我们听见有一百多万 的 Android 应用程序、九十几万的 iOS 应用程序也不用奇怪，要知道，划时代的移动纪元才刚刚要开始，五亿个 App 的时代也许很快到来，App 世界超过 Google / Facebook 的应用，也许就是你开发的！你准备好当一个"移动应用开发者"了吗？赶快来学 Corona SDK 吧！

魏巍先生的 Corona SDK 大作，在 Corona SDK 中文信息相对不足的台湾地区，就像荒漠甘泉，它不仅给对"移动应用"开发陌生的大众一个入门的机会，也让台湾地区的读者了解、运用好的工具开发"移动应用"变成简单的一件事情，非常值得推荐。今后我会与魏巍先生共同努力，将 Corona SDK "移动应用"开发者所应该获得信息，尽量中文化后提供给大家，让台湾地区开发者也能与世界同步，一起用 Corona SDK 开发 出可以改变世界，改变并造福人们生活的 App 来。

QLL 快速语言学习系统设计公司技术长

Corona SDK 台湾地区大使

叶浩铭

推荐序二

App 界的艺术家：程序、设计、营销的全才

要如何评定一个 APP 的好坏，每个人有不同的观点。在我看来，一个 App 需要一个能够各司其职的专业分工团队，程序设计工程师、界面图像设计师、用户经验架构师，不止如此，现今还需要有良好的项目管理经理、广告营销企划，才能成就一个伟大的 App，发挥惊人的影响力。而这些，我都在魏巍一个人身上看见了。

也许正如同乔布斯所言，你过去的种种，会造就现在的你，但是时机未到之前，你不会明白这之间的关联性。音乐 DJ、出版社、语言学习，这些都丰富了魏巍的每一个 App，是那么地具有生命力，比起一般开发者所撰写的"程序"，那之间的差异，绝非短时间能够 达成，而是来自过去生命历程的累积。

不论你来自哪一个行业，App 产业都需要你的参与！通过原先的专业，结合这本书分享给你的程序能力，相信一定能激发出更多灿烂的火花！

移动开发学院创办人、资策会移动开发课程总监

钟祥仁 Ryan Chung

推荐序三

身为一个游戏龄超过 25 年的玩家，同时也是智能手机重度使用者的我，自然也对手机上推陈出新的游戏十分感兴趣，同时也会亲身下载体验这些游戏，将游戏心得介绍分享给更多朋友！不过对于玩过这么多游戏的我来说，声光效果炫目、剧情磅礴震撼、设定千变万化的系统等游戏特色，不见得会是吸引我的最大因素，反倒是游戏玩法单一、轻松好上手、抓准基本游戏性要素的小游戏，更容易让人沉迷，在看过台湾地区的 App 开发者魏巍独立开发的"指认嫌疑犯""迷你打地鼠"等游戏之后，我更能确定有许多手机玩家的想法，和我相同。

当然，对于阿祥这类重度游戏玩家来说，玩这么多游戏之后，心中自然也会有不少稀奇古怪的 Idea，希望有一天也能将这些点子制作成为真正能上架的游戏，不过对于不懂程序的阿祥来说，这一切谈何容易？不过从魏巍的这本书中，我发现了一丝希望！原来不懂程序、没有专业训练的一般人，竟然也能通过 Corona SDK 完成属于自己的手机游戏！

如果你也和阿祥一样，是个热爱游戏也有制作游戏的理想，相信通过这本书深入浅出的引导，你也可以很轻松地掌握 Corona SDK 这套工具，让你的游戏梦化为现实！

阿祥
阿祥的网络笔记本
http://axiang.cc

推荐序四

魏巍是一位多才多艺的朋友，每次看到他都让人不自觉地欢乐了起来。在我拿到这本书的文稿时，内容的呈现也如同他给人的感觉一样欢乐。

因为你可以不用担心自己不会写程序，你真的可以用欢乐的情境来学习智能手机 App 的开发。

这本书的内容不仅是图文并茂，实训范例的流程、原理都叙述得很仔细，我相信任何人看了都会马上进入状况，发觉写程序不会是冷冰冰的英文与数字。

魏巍的 App 作品很丰富，每次在 iOS Dev Club 开发者聚会时，我都会介绍他是 App 界的九把刀，随着日子一直成长，后面出版的 App 也越来越有水平，我相信魏巍一定会再接再厉，或许有一天可以成为 App 界的五月天！

今天您买了这本书来学习 Corona，只要跟着书本来学习，大概就有八成的功力可以写出石破天惊的 App，如果您觉得我说的没错，希望读者们大力推荐您的亲朋好友人手一本，大家一起来加入智能手机 App 开发的行列吧！

iOS Dev Club 开发者聚会执行长
沈志宗

推荐序五

你是否觉得开发 App 是一件很困难的事情？

尤其是游戏 App，你除了要懂程序以外，还得结合图像、影片和音乐等多媒体技术。

这对一般人来说，更是难上加难，不敢挑战的专业领域！

你是因为自己不是科班出身，或者对自己从无相关经验，而放弃开发自己心目中的游戏 App 的梦想吗？

但，且慢……

你可知道，本书作者魏巍，以前只是一名当过 DJ、做过图书编辑，且对程序一窍不通的菜鸟吗？

然而，现在你可以看到的，魏巍的精彩作品，企划、美术、程序、音乐，甚至是宣传影片，通通都是他自己一个人包办的！

你觉得因为他是个天才才办到的？

不，从我眼中看到的，魏巍是一位苦干实干的好青年。

你现在看到的一切，都是他这三年多来，一步步、脚踏实地、按部就班、一点一滴所累积而来的成果。

就连你手上的这本书，从策划、撰写、截图到排版，也都是他自己一手搞定的！

从这本图文并茂且深入浅出的书中，你除了可以学到如何以 Corona 快速开发出跨平台多媒体 App 的知识和技能，同时也可以感受到作者在 App 开发领域的路上，所秉持的无限热情和努力。

我相信，魏巍可以，有眼光买下这本书的你也一定可以！

好好阅读与学习，并将你对 App 和梦想的热情，发挥到极致吧！

资深图书译者
KIMU 高雄独立游戏开发者聚会共同创办人
DOFI（罗友志）

推荐序六

说起魏巍，我个人跟他也有点渊源，当初他设计的几款游戏在 App Store 上架时，曾邀请我帮忙推广，由于我个人是相当支持本土开发者的，就一口答应下来。日后闲聊时有谈到他的所有游戏的程序、美工甚至音乐都是一个人独立完成，让我相当佩服。最近我的责编邀请我帮忙写软件工具书的序，才知道原来他是用 Corona SDK 来办到的，Corona SDK 超容易上手的界面与种类多样的范例，难怪让魏巍可以这么短的时间一个接着一个开发好玩的新游戏。

当然有好用的工具还是不够的，游戏最重要的灵魂是"好玩"，要如何善用工具开发出各种不同花样与玩法的游戏才是重点，大家也不要以为有超好用工具之后，随随便便就能做出愤怒的小鸟或 Candy Crush Saga，要知道游戏开发与获利绝对不是条简单易走的道路，除了好玩以外，后续的宣传与推广更是重要的课题，但这就是另外一段故事了。

祝大家在阅读本书之后，能创造属于自己的游戏传奇！

电脑王阿达的 3C 胡言乱语
阿达
http://www.kocpc.com.tw

欢迎来到每个人都可以做游戏的时代

你想开发手机游戏吗？

你是否也像我一样，从小就是玩电动玩具长大的呢？你想投入开发手机应用程序的行列，把自己的作品上架，让全世界的人可以下载，甚至可以因此获利赚进人生的第一桶金吗？

是什么原因让你对于自己的游戏梦望而生怯呢？你担心自己徒有想法，而没有具备和计算机相关的技术背景吗？没错，之前开发 iOS 程序要学习 Objective-C 语言，开发 Android 程序则是要学习 Java。这些都不是简单的事情，等熟悉了这些语言，要跨进游戏设计领域更是对程序人员的一大挑战。

所幸，现在情况已经改变：借由 Corona SDK 的帮助，一般人也可以快速地开发跨平台的游戏与应用程序。只要你想，你也可以在短期内成为一个手机游戏开发人员，做出各种好玩的游戏。

以我自己为例，我本身是辅大德文研究所毕业，之前在出版社担任外文主编，可以说是完全没有程序的基础。如果我这种文科出身的人都可以在不到一个礼拜内学会 Corona SDK，借由本书浅显易懂的内容与范例，你也一定可以成功地打造出自己的 App。

欢迎和我一起进入 Corona SDK 的世界吧!

适合阅读本书的读者

本书以完全没有学过程序的一般人为对象来编写。适合没有程序基础的一般人学习，美术设计尤佳。除了程序的开发以外，还有详细的上架流程介绍。本书的目的，就是希望一般人照着书上的内容，也可以从完全不会写程序到写出自己的游戏，最后，拥有 iOS 或 Android 任何一个平台开发经验的开发人员，想要开发跨平台程序或游戏，却没法花太多时间学习另外一种语言的话，通过本书的介绍也可以快速为自己的程序开发出跨平台的版本。

本书架构

本书共有 10 章，先由简单的范例开始做起，再介绍基础程序写法。从如何贴图到屏幕上，如何让图片开始移动，进而学习和它们互动的方法。其实做游戏一点都不难，说穿了就是把准备好的图片贴到屏幕上面，让玩家和它们互动。以下是每个章节的大概内容。

CH1 Corona SDK 简介、下载与安装

简短地介绍一下 Corona SDK 这个开发工具，并且带着读者们下载及安装这个程序。

CH2 第一个 Corona SDK 的程序：Hello World

带领读者打开 Corona SDK 的范例、安装适合的文本编辑器，与认识 Corona SDK 运行的流程。

CH3 快乐木琴

即使没有程序的背景，利用 Corona SDK 都可以制作出一款点击会发出声音的小木琴。请以轻松的心情，打造一款快乐木琴吧。

CH4 程序基础

Corona SDK 使用的程序语言叫作 Lua。本章会从基础的变量观念，介绍到程控相关的判断式与循环写法、函数的概念，一直到 Lua 语言里的表格。

CH5 显示物件的 10 个关卡

介绍如何在屏幕上自由地摆放各种图案，显示出各种想要让用户看到的图形。

CH6 奔跑的汽车

在顺利贴图之后，本章将介绍如何让画面上的贴图移动，同时怎么样建立物理引擎、怎么样播放动画等让游戏 " 动起来 " 的技巧。

CH7 育儿救星

通过上架的范例来复习之前学过知识，让大家了解怎么把之前片段的技巧，整合成一个完整的作品。

CH8 实机测试与上架

针对初学者，一步一步地介绍如何把做好的应用程序放到手机里面做实机测试，与如何在 iOS 平台与 Android 平台上架。

CH9 台湾铁路通

介绍 Corona SDK 里的 storyboard API，以及如何制作拥有多页面场景的小游戏。

CH10 继续学习规划

提供读者几个方向，供读者继续学习、认识 Corona SDK 不同的面向。

本书范例

书中范例文件请于以下网址下载

 http://goo.gl/Yzau1I

与作者联系

阅读完本书的内容，你就可以利用书中的概念与技巧，做出各种有趣的作品。欢迎将你的意见告诉我，游戏上架了也可以通过下面的电子邮件地址直接和我联系，让我分享作品上架的喜悦。祝所有的读者在程序开发的路上快乐顺利。

Email: dj_thomaswei@yahoo.com.tw

Facebook: https://www.facebook.com/djthomaswei

粉丝专页：http://www.facebook.com/AppsGaGa

目　录

附录　cookbook.lua

Chapter 1
Corona SDK 简介、下载与安装

在我们开始写自己的游戏之前，先要下载与安装 Corona SDK。这一章里，我们要简短地介绍一下这个开发工具，并且带着读者们下载及安装这个程序。

在本章里，你可以学到：

1.Corona SDK 的简单介绍，了解其优点与缺点；

2. 下载与安装 Corona SDK。

不管你是否开发过手机程序，你将会发现，Corona 真的是超简单的开发工具，可以很快地完成心中想要做的程序。现在就开始进入 Corona SDK 的世界吧！

准备好了吗？我们开始吧……

1-1 Corona SDK 的简介

Corona SDK 是跨平台的 App 开发工具。创始人 Walter Luh 本来在 Adobe 公司负责 Flash lite 的开发。由于 Flash 在各手机装置中没有获得很好的支持，觉得可惜之余，Luh 和同事 Carlos Icaza 一起开发了 Corona SDK。他们希望做出像 Flash 那么容易的工具，让本来不是开发者的一般人也可以开发出自己的程序。终于在 2009 年推出了这个开发工具。

（1）核心语言：Lua

Corona SDK 以 Lua 这个语言为核心语言。Lua 就像 Java 一样，是精简型的语言，很省空间。写程序代码的时候，会发现很像 PHP、Python 或是 Flash 本来在用的 AcrtionScript，是一种描述性的语言，很容易学。

（2）用 Corona SDK 开发的优点

Corona SDK 的网站强调：用他们的工具可以让用户以 10 倍的速度开发。这个工具的好处有下面几点。

① 跨平台　同样一个程序代码，可以在 iOS 平台、Android 平台、Kindle Fire 平版，以及美国 B&N 的 Nook 上发表。现在要写不同平台的程序，不用去学 iPhone 原生的 Objective-C 语言，或是 Android 的 Java 语言了。Corona SDK 把不同平台的程序写法全部整合成同一个接口。对于硬件的支持度很够，不管是加速度器、网络都有支持，在 Windows 或是 Mac 下都可以开发。

② 免费　2013 年 4 月宣布新方案，除了 Pro 版的一些功能，如 IAP 等无法使用 外，开发者都可以免费下载使用 Corona SDK。制作好的应用程序也可以 上传到各个平台上架。

③ 快速简单　作为核心的 lua 语言是很简单的程序语言，很容易就可以学会。制作程序的 过程中，更新程序代码，仿真器上就看得到结果。脑中想到的点子，很快就可以放到手机上。

④ 资源完整　Corona SDK 有很完整的网站信息以及论坛，供用户参考。有很多范例程序代码皆有开放，让刚接触游戏开发的人来学习及使用。

这么好的工具，让我们到网络上把它下载下来吧！

1-2 下载与安装 Corona SDK

接下来，我们一步一步通过实训把 Corona SDK 下载到计算机并且开始安装吧！

【实训时间】下载并且在 Windows 系统上安装 Corona SDK

step 01 先 到 Corona SDK 网 站 (http://www.coronalabs.com/products/corona-sdk/)，在右下方有一个"DOWNLOAD"的按钮。请按下去。

下载

step 02 Corona SDK 会先要求你注册一个账号。注册完成，得到账号和密码之后，就可以下载 Corona SDK 了。

step 03 到了下载的页面，选择要执行的平台。然后按下"Download"按钮下载。

Windows 系统会下载一个后缀名为 .msi 的文件，双击打开开始安装。
在 Welcome to the Corona SDK Setup Wizard 页面"欢迎页面"时，按
"Next"进行下个步骤。

step 05 在 License Agreement（使用协议）页面时，勾选 "I Agree" 之后，按下 "Next" 进行下个步骤。

step 06 到了 Select Installation Folder（选择安装文件夹位置）页面的时候，选择要安装 Corona SDK 的文件夹后，按下 "Next" 进行下个步骤。

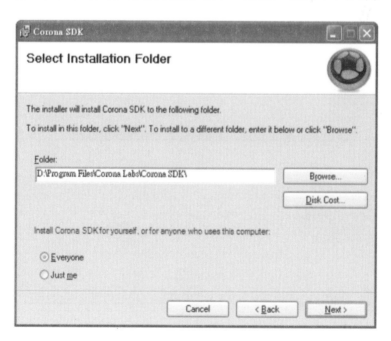

step 07 在 Confirm Installation（确认安装）页面时，按下"Next"进行下个步骤。

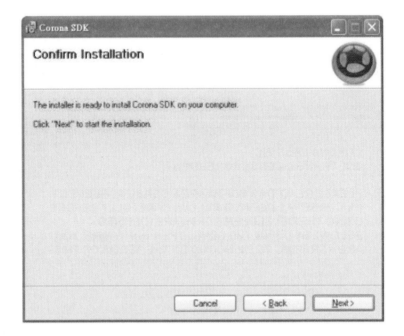

step 08 进行安装 Corona SDK。

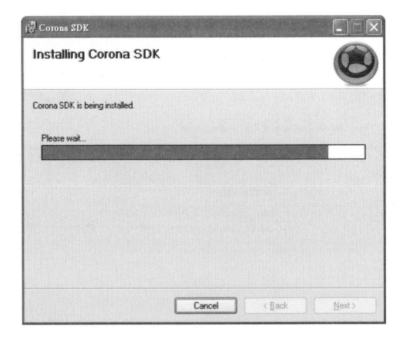

step 09 安装完成后，按下 "Close"，结束安装程序。

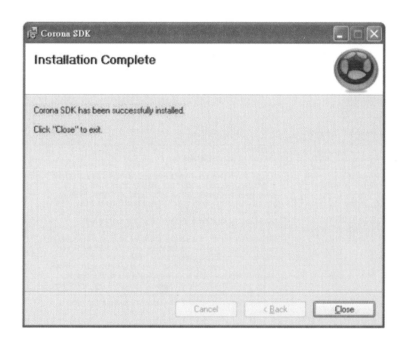

step 10 安装完毕后，在桌面会有一个 Corona SDK 的标志。双击之后，打开仿真器与终端器完成设定。

注意

Windows 系统有时候会因为 Java 版本太旧而无法安装 Corona SDK。这时候，请更新 Windows 的 Java 版本。

【实训时间】下载并且在 Mac 系统上安装 Corona SDK

step 01 到 Corona SDK 网站 (http://www.coronalabs.com/products/ corona sdk/)，在右下方有一个 "Download" 的按钮，请按下去。在苹果 Mac 的版本下，会下载到一个后缀名为 .dmg 的安装文件。双击打开开始安装。

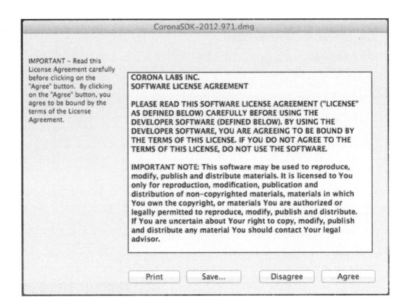

step 02 看到下图时，即可把弹出画面的 Corona SDK 文件夹拖拉到下面的应用 程序文件夹就完成安装。

step 03 到应用程序文件夹，按下"Corona Terminal"。

step 04 打开仿真器与终端器完成设定。

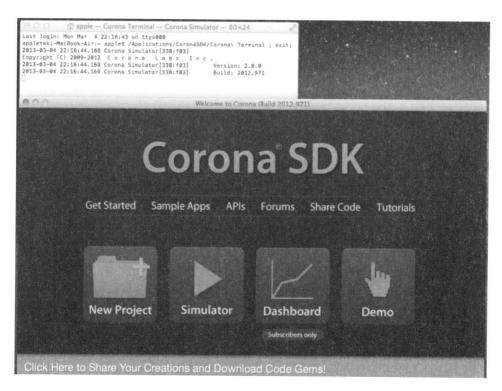

学到了什么

阅读完本章后，顺利在不同的操作系统上安装 Corona SDK。在本章里，我们学到：

1. 了解了什么是 Corona SDK

Corona SDK 是跨平台的 App 开发工具，以 lua 语言当作核心的程序语言。

2. 如何安装 Corona SDK

到 Corona SDK 网页申请账号下载安装文件，就可以顺利安装 Corona SDK。

安装好 Corona SDK 后，接下来，我们开启其中附带的范例文件，从范例文件开始学习 Corona SDK。

Chapter 2
第一个 Corona SDK 的程序: Hello World

装好了 Corona SDK 之后，本章要开始运行第一个程序：Hello World。Hello World 所要做的，就是在屏幕上输出 "Hello World"。几乎学习每一种电脑语言都会用这个范例当作起点，可以用来确定程序开发环境是否已经安装妥当。我们也将从这个范例开始学习和 Corona SDK 相关的知识。

在本章里，你可以学到：

1. 如何打开 Corona SDK 的范例
2. 安装适合的文字编辑器
3. Corona SDK 运行的流程

准备好了吗？
现在就从最基础开始，
学习 Corona SDK 的各种知识吧！

2-1 如何打开 Corona SDK 的范例

当我们从网站上下载并安装 Corona SDK 之后，Corona SDK 本身随着套件附了许多的范例文件，给用户参考。在还没有开始写自己的程序之前，我们先来学习如何打开这些范例文件。

首先，要先确定范例文件在那边，接下来用 Corona Simulator 打开这些范例程序。请照下面的步骤，打开 Hello World 范例程序。

【实训时间】打开 Hello World 范例程序

step 01 打开 Corona 仿真器（Corona Simulator）：如果是 Windows 系统，请直接点按桌面上的 Icon，运行 Corona Simulator；如果是 Mac 系统，请在上图中"应用程序→Corona SDK"打开 Corona Terminal。打开之后如下图，应该除了 Corona 仿真器的主页面之外，还可以看到好像终端器输出的窗口画面。

`step 02` 打开文件：在 Corona SDK 上方的菜单栏中，找到 "File → Open" 开始打开文件，如下图所示。

Mac 系统

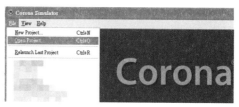
Windows 系统

`step 03` 找到 "应用程序" 文件夹，依顺序打开文件夹 "Corona SDK → SampleCode → GettingStarted → Hello World"，接着打开执行 main.lua 文件。请注意：这里请先选用 iPhone 打开。

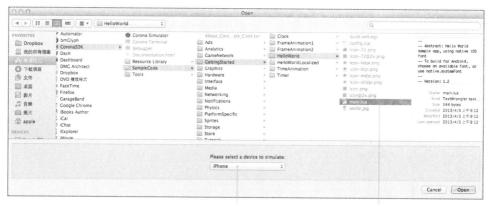
2. 选择用 iPhone 打开　　1. 选择 main.lua 文件

`step 04` 顺利运行 Hello World 这个程序，如右图所示。

（1）程序由 main.lua 开始运行

如 step 03 所示，每一个 Corona SDK 的程序项目都是一个文件夹，每个这样的文件夹里面，都会有一个叫 main.lua 的文件。每个 Corona SDK 的程序都是从 main.lua 这个文件开始运行。

以上个练习为例，我们运行的就是"Hello World"这个程序项目。这个程序项目是一个文件夹。通常一个项目文件夹里面有图片，也会有各种文档。不过其中一定有一个叫 main.lua 的文件，即由 main.lua 开始运行程序。

注意

根据操作系统不同，在 Windows 下可以直接执行 Corona Simulator，不过在 Mac 系统下则要执行 Corona Terminal，才可以打开 Corona 仿真器的主页面，以及类似终端器输出的窗口。如果在 Mac 系统直接打开 Corona Simulator，就没有办法看到终端器输出的窗口。终端器输出窗口现在看起来没有什么用处，不过日后对我们写程序会有帮助。所以每次在 Mac 系统执行 Corona SDK 的程序时，建议还是打开 Corona Terminal。

（2）安装文本编辑器

顺利打开范例程序代码之后，我们想要进一步编辑更改范例的程序代码。提醒读者在编辑 Corona SDK 的程序时，不要用微软的 Word 程序开启编辑，也不要用 Mac 上面的"文字编辑"软件编辑。这些文本编辑程序，都会加入看不见的文字格式设定，让写出来的程序代码无法执行。

编辑 Corona SDK 的程序，要用其他的文本编辑软件。在 Windows 下可以安装免费的"NotePad++"软件（网址：http://notepad-plus-plus.org/）；在 Mac 下可以到 Mac App Store 下载安装免费的"TextWrangler"。除了免费的文本编辑软件以外，在 Windows 或是 Mac 系统上，也有许多要付费的文本编辑器，如"Sublime Text"等。虽然这些程序要付费，不过加入许多实用的功能，如会把很多关键的程序代码用颜色标注，自动提示程序代码等。

请先安装适合自己的文本编辑器，接下来，我们用安装好的文本编辑器来编辑 Corona SDK 的程序。

2-2 用文本编辑器打开 Corona SDK 的程序

开始使用文本编辑器，打开 Corona SDK 的程序，由于怕在编辑的时候不小心改动本来的程序代码，所以每次打开 Corona SDK 的范例程序时，可以先把范例程序拷贝一份，再用文本编辑器开启拷贝过后的程序代码。这样，如果我们在编辑的过程中不小心出了什么错误，也不会对原始的范例程序代码造成影响。接下来，就用实训来练习。

【实训时间】用文本编辑器打开 Hello World 范例程序

`step 01` 先找出"Hello World"的文件夹。在"应用程序→ Corona SDK → Sample Code → Getting Started"文件夹里，有一个"Hello World"文件夹。

`step 02` 拷贝"Hello World"文件夹。如果是 Mac 系统，请把拷贝的文件夹贴在桌面上；如果是 Windows 系统的话，请把拷贝的文件夹贴在"我的文档"里面。

`step 03` 启动安装好的文本编辑器，用文本编辑器打开刚刚拷贝上去，"Hello World"文件夹里面的 main.lua 文件。

`step 04` 用 Corona 仿真器打开同一个文件夹的同一个 main.lua 文件

Hello World 包含着什么样的程序代码？

```
1  --
2  -- Abstract: Hello World sample app, using native iOS font
3  -- To build for Android, choose an available font, or use native.systemFont
4  --
5  -- Version: 1.2
6  --
7  -- Sample code is MIT licensed, see http://www.coronalabs.com/links/code/license
8  -- Copyright (C) 2010 Corona Labs Inc. All Rights Reserved.
9
10
11 local background = display.newImage( "world.jpg" )
12
13 local myText = display.newText( "Hello, World!", 0, 0, native.systemFont, 40 )
14 myText.x = display.contentWidth / 2
15 myText.y = display.contentWidth / 4
16 myText:setTextColor( 255,110,110 )
```

如上图所示，我们简单地解释一下看到的程序代码。在程序代码的第 10 行之前，都是程序中的注释。真正开始有作用的程序代码是第 11 行的程序代码。第 11 行的程序代码，把一张叫"world.jpg"的图，贴到屏幕上面。接下来第 13 行的程序代码，产生一段内容为"Hello,World!"的文字。第 14、第 15 行设定文字的 x 坐标与 y 坐标的位置。第 16 行设定文字的颜色。就这样五行的程序代码，就可以做出有背景和字样的画面。

注意

　　Windows 系统编写程序时，请记得把文件夹拷贝到"我的文档"中。由于计算机系统设定的关系，在 Windows 系统下没办法执行放在桌面的程序，所以之后每次在书中提到建立新项目文件夹的时候，如果读者是用 Windows 系统开发的话，请改在"我的文档"里建立新项目文件夹。

2-3 编辑 Corona SDK 的程序

　　用文本编辑器打开"Hello World"程序之后，现在要进一步编辑程序代码。我们通过实训，来编辑程序，保存后看看在仿真器上的画面，会不会产生变化。

【实训时间】用文本编辑器打开 Hello World 范例程序

step 01　用文本编辑器打开"Hello World"文件夹中的 main.lua 文件。

step 02　把原本第 15 行的程序代码改成 myText.y = 200。

step 03　打原本第 16 行的程序代码改成 myText:setTextColor(255,255,255)。

step 04　保存后，在 Mac 系统上面，于 Corona Simulator 跳出的窗口中，选择"Relaunch Simulator"选项，重新运行程序。

　　在 Windows 系统里，到 Corona Simulator 上方的菜单栏中，找到 File 之中的"Relaunch"，重新运行程序。

【我们改变了什么样的程序代码】

　　如右图所示，我们改变文字的 y 坐标，所以文字有往屏幕下面移动一点点。另外也改变文字的颜色，所以文字变成了白色。

　　以上是我们顺利打开 Corona SDK 的范例文件，安装文本编辑器，并用文本编辑器打开及编辑第一个 Corona SDK 的应用程序"Hello World"。

　　完成这个步骤，代表程序开发环境已经安装妥当，我们可以继续学习用 Corona SDK 开发程序了。

注意

如果在这个地方出现错误的话，通常是用错误的文本编辑软件造成的编码错误。请安装前文 2-1 中提到的可用的文本编辑器，再重新编辑程序代码，应该就不会发生错误了。

学到了什么

我们学到了如何打开 Corona SDK 的范例文件。最后来复习，在本章里我们学到

1. 打开和编辑 Corona SDK 的程序

用 Corona Simulator 运行项目文件夹中的"main.lua"文件，并且用文本编辑器打开同一个文件夹中的"main.lua"文件，就可以对文件进行编辑。

在 Mac 系统下，项目文件夹可以放在桌面，不过在 Windows 系统下的话，要放在"我的文档"才能够顺利执行。除此以外，编辑程序时，使用的文本编辑器也要选择正确才不会出错。

2. 程序由 main.lua 开始运行

每一个 Corona SDK 的程序项目都是一个文件夹，程序就是从这个文件夹的 main.lua 文件开始运行。一般流程，先在桌面建立一个项目文件夹（如果是 Windows 系统的话，则是在"我的文档"建立一个项目文件夹），然后用文本编辑器建立新文件，保存的时候以 main.lua 为文件名，存在项目文件夹中。

有了以上的基础，下一章我们将练习自己写下程序代码，做出一个完整、可以互动的音乐程序："快乐木琴"。请继续阅读，学习 Corona SDK 吧！

Chapter 3
快乐木琴

　　Corona SDK 是每个人都可以快速上手的开发工具，让我们直接动手来制作一款
小木琴。以轻松的心情学习怎么在屏幕上摆放各张图片、怎么播放音效。相不相信？
在本章结束后，你就已经能够做出一款跨平台的手机程序了。

在本章里，你可以学到：

1. 如何用工具快速地放置图片

2. 如何制作按钮

3. 如何播放音效

准备好了吗？ 我们开始吧……

跟小孩同乐的 APP：快乐木琴

接下来要做的作品，在 Google Play Store 和苹果的 App Store 都可以找到，是一款免费的程序，欢迎大家下载。下载链接于下：

 iPhone:https://itunes.apple.com/tw/app/id5999200078?mt=8
Android:https://play.goole.com/store/apps/details:id=com.
appsgaga.music.xylophone

这是一款给小朋友玩的小木琴，功能很简单：按到不同的琴键，发出各种不同的声音。像这样的应用程序是怎么做出来的呢？请看下面的分析。

3-1 分析程序：小木琴就是这样做出来的

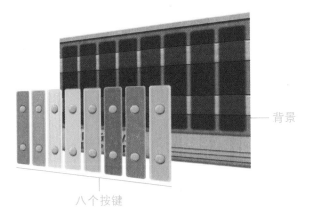

—— 背景

八个按键

如图所示，先在屏幕上贴一张底图，再于底图上面摆放 8 个按键。在按键上面做设定，让按键按下后，可以播放出音阶里的各种声音。

了解了要做什么样的程序，且知道要怎么做之后，接下来让我们开始进入实训的阶段。

【实训时间】贴上底图

step 01 如果使用 Windows 系统的话，请在"我的文档"新增一个文件夹；如果使用 Mac 系统的话，请在桌面新增一个文件夹。把这个文件夹命名为"Xylophone"。

step 02 找到本章"CH3 Sample"文件夹，打开"所需文件"文件夹，把里面所有的文件拷贝到上一步刚建立起来的"Xylophone"文件夹。

step 03 打开文本编辑器，在 Xylophone 文件夹里面新增一个文件，存成 main.lua。

step 04 在 main.lua 的文件里，打入下面这段文字。

```
1  display.setStatusBar(display.HiddenStatusBar)
2  local backgroundImage = display.newImageRect("Background.png",480,320)
3  backgroundImage.x = 240
4  backgroundImage.y = 160
```

注意

　　程序代码左边的 1、2、3、4，是为了说明方便加上去的。在写程序的时候请不要加上这些数字，直接把右边的程序代码依序写出来就好了。还有，在写的时候要注意大小写，不要打错了。

step 05 保存之后，打开 Corona Simulator（在 Mac 上，请打开 Corona Terminal），用 Corona Simulator 打开 Xylophone 文件夹里面的 main.lua 文件。选择用"iPhone"打开，应该可以看到我们已经把底图贴在屏幕上了。

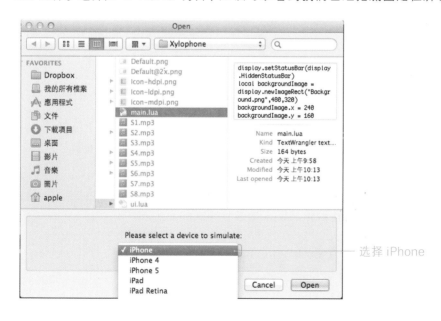

选择 iPhone

如果出现了"Syntax Error"这样的错误，是文字编码上的错误。请用之前提过的文本编辑器撰写文件。

【我们写了什么样的程序代码】

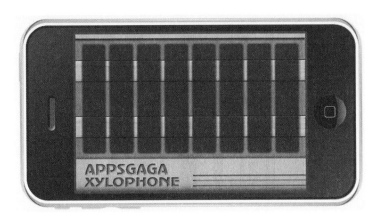

上段程序代码里面，先用 display.setStatusBar（display.HiddenStatusBar）这句隐藏屏幕的状态栏（statusBar）。用 local backgroundImage 告诉计算机，有张叫"backgroundImage"的图片。接下来 display. newImageRect（"Background.png"，480，320）这句，会在屏幕上读入 Background.png 的图片。

用等号把这张图片设定到 backgroundImage。最后设定这张图片的 x 轴和 y 轴的距离，把图放在屏幕的中间。

3-2 如何制作按钮

在 Corona SDK 里面要制作一个按钮有下面几个步骤。

① 首先要把一个叫"ui.lua"的文件放进项目文件夹内。ui.lua 是别人已经写好的程序代码。使用这个程序代码，可以帮助我们轻松地制作按钮。

② 接着在程序里面，写下 require("ui") 引入 ui.lua。

③ 用 ui.newButton 制作按键，做各种相关的设定。

【实训时间】制作第一个按钮

step 01 用文本编辑器打开 Xylophone 文件夹里的 main.lua。

step 02 由于之前在拷贝"所需文件"时，已经把 ui.lua 这个文件拷贝进 Xylophone 文件夹中，所以要产生按键，只要在 backgroundImage.y = 160 下面，继续输入下面的文字。

```lua
1   local ui = require("ui")
2
3   local on1Touched = function(event)
4       if event.phase == "press" then
5           print"just pressed sound button 1"
6       end
7   end
8
9   local sound1Button = ui.newButton{
10      defaultSrc = "1.png",        --没按下按键时，按键显示的图片
11      defaultX=51,                 --没按下按键时，按键的宽度
12      defaultY=224,                --没按下按键时，按键的高度
13      overSrc = "1P.png",          --按下按键时，按键显示的图片
14      overX=51,                    --按下按键时，按键的宽度
15      overY=224,                   --按下按键时，按键的高度
16      onEvent = on1Touched,        --按下按键时，要做什么事情
17      id="sound1",                 --帮按键设一个id（身份）
18      text="",                     --在按键上要显示的文字
19      font = "Helvetica",          --在按键上显示文字的字型
20      textColor = {255,255,255,255},--在按键上显示文字的颜色
21      size = 16,                   --在按键上显示文字的大小
22      emboss = false               --按键是否要做效果
23  }
24  sound1Button.x = 37
25  sound1Button.y = 131
```

step 03 保存之后，看看 Simulator 的变化。结果显示，我们在背景图上又贴了一个按键。按下按键颜色会变深，并且在终端机上显示出"just pressed sound button 1"的字样。

注意

上面程序代码第 10 ~ 22 行，程序代码向右空了一个距离，这个距离叫缩排。有缩排的程序代码要先按下"tab"键制造空格，再输入该行程序代码。

【我们写了什么样的程序代码】

首先用 local ui = require("ui") 引入 ui.lua，也就是引入别人写好的程序代码。请先不要管 3 ~ 7 行，先看 9 ~ 23 行，这几行的程序代码建立出了一个按键：第 9 行先说即将要放一个按键 sound1Button，接着用 ui.newButton 把按钮产生出来。10 ~ 22 行是对于按键的设定。24 行及 25 行是调整按键的位置。

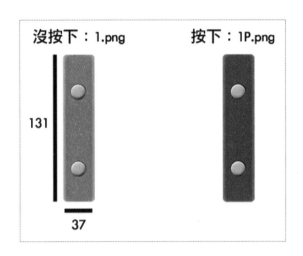

如 step 02 程序代码的图所示，按钮没有按下按键时的图片，设定为 1.png，按下按键时显示的图片是 1P.png。在这个范例里，由于没有要在按键上写字，所以 18 行 text 的设定是 ""。一直到 22 行的设定，其实都是关于文字设定的。如果想要在按钮上写文字的话，请做这些设定；如果没有要在按钮上写文字的话，从 18 行到 22 行的程序代码可以删除。另外，17 行程序代码 id 的选项，在这个小木琴的程序里也不会用到，所以请一起删掉。删去后的程序代码如下：

```
 9   local sound1Button = ui.newButton{
10       defaultSrc = "1.png",
11       defaultX=51,
12       defaultY=224,
13       overSrc = "1P.png",
14       overX=51,
15       overY=224,
16       onEvent = on1Touched,
17   }
```

程序代码 16 行的 onEvent 则为设定按下按钮后，要做什么事情。在这个按钮的范例里，按下按键设定为要执行 on1Touched。

on1Touched 就是 3 ~ 7 行的程序代码。如同程序代码里英文写的内容一样，如果按下按键的话，要在终端机印出"just pressed sound button 1"字样。

[Point1] 顺序很重要：程序由上而下执行

程序由上往下执行

```
local on1Touched = function(event)
    if event.phase == "press" then
        print("just pressed sound button 1")
    end
end

local sound1Button = ui.newButton{
    defaultSrc = "1.png",
    defaultX=51,
    defaultY=224,
    overSrc = "1P.png",
    overX=51,
    overY=224,
    onEvent = on1Touched,
}
```

图 1

上个章节提到，每次执行 Corona SDK 项目时，都是从 main.lua 开始执行。 而在 main.lua 的文件里面，程序代码是由上而下执行。如图 1 所示，写程序的时候，要把 on1Touched 写在生成按钮程序代码的上方。如此在生成按钮的过程中写到按下按键时，onEvent 要做 on1Touched 的时候，程序就会知道 on1Touched 要执行什么动作，因为程序在之前已经看过 on1Touched

```
local sound1Button = ui.newButton{
    defaultSrc = "1.png",
    defaultX=51,
    defaultY=224,
    overSrc = "1P.png",
    overX=51,
    overY=224,
    onEvent = on1Touched,
}

local on1Touched = function(event)
    if event.phase == "press" then
        print("just pressed sound button 1")
    end
end
```

还 没 看 到 on1Touch，
程序就会出现错误

图 2

的程序代码。

如果顺序倒反，如图 2 所示，程序在设定 onEvent 的时候，由于还没有看过 on1Touched，执行到这边不知道 on1Touched 是什么，所以程序就会出错。

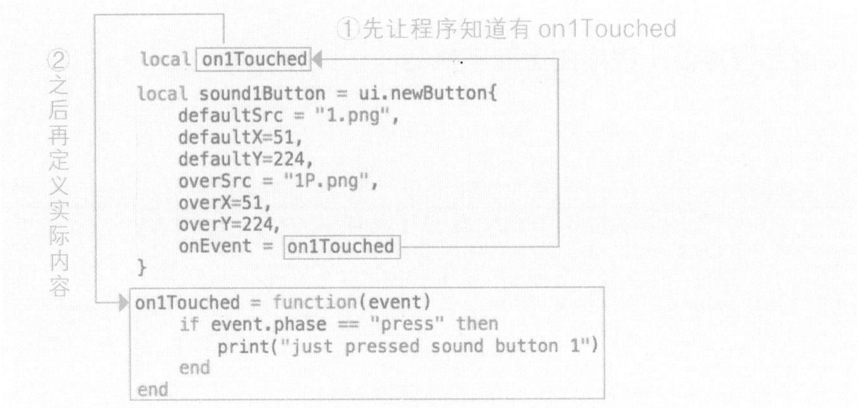

①先让程序知道有 on1Touched

```
local on1Touched
local sound1Button = ui.newButton{
    defaultSrc = "1.png",
    defaultX=51,
    defaultY=224,
    overSrc = "1P.png",
    overX=51,
    overY=224,
    onEvent = on1Touched
}

on1Touched = function(event)
    if event.phase == "press" then
        print("just pressed sound button 1")
    end
end
```

②之后再定义实际内容

图 3

要解决这样的错误，除了按照原本的顺序写程序以外，可以先说有一个名为 on1Touched 的事物，最后再定义 on1Touched 是什么。如图 3 所示，第一行程序代码就是告诉程序有一个叫 on1Touched 的事物。程序由上而下执行时，跑到 onEvent = on1Touched 时，因为之前看过了 on1Touched，就会知道有这样的事物。在程序的下面，再清楚地定义 on1Touched 到底要做些什么事。

这种情况，在第一行告诉程序有一个叫 on1Touched 的事物，就叫做"声明"；而下方直接写出声明的事物要做什么事，就是详细的"定义"。如果像图 1 的话，就是同时声明也定义了 on1Touched。

注意

程序代码的顺序在 Corona SDK 里很重要，若搞混了，程序就无法执行。在下面程序代码提到的事物，在上面至少要先声明，让程序能够顺利地运行。

【实训时间】复制出其他 7 个按钮

了解怎么做出第一个按钮之后，后面"照葫芦画瓢"，复制出其他 7 个按钮。请在 main.lua 里，最后一行 sound1Button.y = 131 之后，加入下面 7 个按钮的程序代码。

```
22   local on2Touched = function(event)
23       if event.phase == "press" then
24           print("just pressed sound button 2")
25       end
26   end
27
28   local sound2Button = ui.newButton{
29       defaultSrc = "2.png",
30       defaultX=51,
31       defaultY=224,
32       overSrc = "2P.png",
33       overX=51,
34       overY=224,
35       onEvent = on2Touched,
36   }
```

—— 按钮 2

```
37
38   local on3Touched = function(event)
39       if event.phase == "press" then
40           print("just pressed sound button 3")
41       end
42   end
43
44   local sound3Button = ui.newButton{
45       defaultSrc = "3.png",
46       defaultX=51,
47       defaultY=224,
48       overSrc = "3P.png",
49       overX=51,
50       overY=224,
51       onEvent = on3Touched,
52   }
53
54   local on4Touched = function(event)
55       if event.phase == "press" then
56           print("just pressed sound button 4")
57       end
58   end
59
60   local sound4Button = ui.newButton{
61       defaultSrc = "4.png",
62       defaultX=51,
63       defaultY=224,
64       overSrc = "4P.png",
65       overX=51,
66       overY=224,
67       onEvent = on4Touched,
68   }
69
70   local on5Touched = function(event)
71       if event.phase == "press" then
72           print("just pressed sound button 5")
73       end
74   end
75
76   local sound5Button = ui.newButton{
77       defaultSrc = "5.png",
78       defaultX=51,
79       defaultY=224,
80       overSrc = "5P.png",
81       overX=51,
82       overY=224,
83       onEvent = on5Touched,
84   }
```

```
85
86   local on6Touched = function(event)
87       if event.phase == "press" then
88           print("just pressed sound button 6")
89       end
90   end
91
92   local sound6Button = ui.newButton{
93       defaultSrc = "6.png",
94       defaultX=51,
95       defaultY=224,
96       overSrc = "6P.png",
97       overX=51,
98       overY=224,
99       onEvent = on6Touched,
100  }
101
102  local on7Touched = function(event)
103      if event.phase == "press" then
104          print("just pressed sound button 7")
105      end
106  end
107
108  local sound7Button = ui.newButton{
109      defaultSrc = "7.png",
110      defaultX=51,
111      defaultY=224,
112      overSrc = "7P.png",
113      overX=51,
114      overY=224,
115      onEvent = on7Touched,
116  }
117
118  local on8Touched = function(event)
119      if event.phase == "press" then
120          print("just pressed sound button 8")
121      end
122  end
123
124  local sound8Button = ui.newButton{
125      defaultSrc = "8.png",
126      defaultX=51,
127      defaultY=224,
128      overSrc = "8P.png",
129      overX=51,
130      overY=224,
131      onEvent = on8Touched,
132  }
```

【我们写了什么样的程序代码】

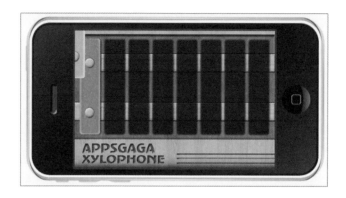

　　虽然上面的程序代码看起来很长，不过实际上只是复制第一个按钮的程序代码，把第一个按钮里面的 1 改成 2 ~ 8 各个数值。在文本编辑器储存 main.lua，再用 Corona Simulator 执行同一文件的话，就会看到上图。为什么会呈现这样的画面呢？因为我们还没有设定每个按钮的位置，所以后面的 7 个按钮，全部都叠在屏幕的左上方。接下来要做的动作就是要把每个按钮摆放到正确的位置。

3-3 摆放按键位置

　　之前我们摆放第一个按键的时候，直接把 soundlButton.x 设成 37，soundlButton.y 设成 131。不过当我们要为其他 7 个按键设定位置的时候，若不想像第一个按键一样，直接把数值代入，也可以尝试用下面的想法。

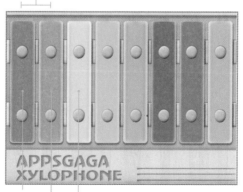

如图所示，把每个按键的距离设定为 myPadding，而第一个按钮的位置设成 startingX 与 startingY 的话，摆放位置的时候，每个按键的 y 值不会变，设定的话，就在 x 上多加一个 myPadding 的值就好了，即：

第一个按键的横向位置就是 startingX；

第二个按键的横向位置就是 startingX+myPadding*1；

第三个按键的横向位置就是 startingX+myPadding*2；

第四个按键的横向位置就是 startingX+myPadding*3……

如此就可以规则地设定 8 个按键的位置了。现在我们来程序里写出这些程序代码。

【实训时间】摆放按钮位置

step 01 由于先前已经直接设定第一个按钮的位置，所以在我们用新方法摆放按钮之前，先把之前写的 sound1Button.x =37 与 sound1Button.y = 131 这两行移除。

step 02 在 main.lua 程序代码的最后，加入下面的程序代码。

```
1   local startingX = 37
2   local startingY = 131
3   local myPadding = 58
4   sound1Button.x = startingX
5   sound1Button.y = startingY
6   sound2Button.x = startingX + myPadding*1
7   sound2Button.y = startingY
8   sound3Button.x = startingX + myPadding*2
9   sound3Button.y = startingY
10  sound4Button.x = startingX + myPadding*3
11  sound4Button.y = startingY
12  sound5Button.x = startingX + myPadding*4
13  sound5Button.y = startingY
14  sound6Button.x = startingX + myPadding*5
15  sound6Button.y = startingY
16  sound7Button.x = startingX + myPadding*6
17  sound7Button.y = startingY
18  sound8Button.x = startingX + myPadding*7
19  sound8Button.y = startingY
```

step 03 保存后，看看程序出现了什么变化。

【我们写了什么样的程序代码】

用了新方法摆放每个按键之后，可以看见每个按键都如我们所愿，摆放到正确的位置上了。不过现在按下按键，并不会发出木琴的声音。程序代码写到这边，按下按键，只会在终端机显示出不同的信息。接下来要做的，就是引入声音，并且让每个按键按下的时候，会发出不同的正确声音。

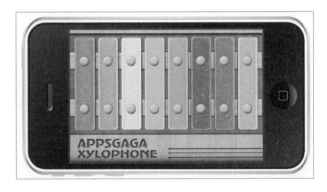

3-4 播放音乐基础

在 Corona SDK 播放音效或背景音乐有两个步骤：第一个是要引入声音文件；第二个是播放声音。

```
1  audio.loadSound()      --读入音效文件
2  audio.loadStream()     --读入背景音乐文件
3  audio.play()           --播放音效或是背景音乐
```

如果是一个短暂的音效，会用 audio.loadSound() 来把声音文件读入程序里；如果要播放的是背景音乐，会用 audio.loadStream() 来把时间比较长的背景音乐读进程序中。播放的话，不管是音效或是音乐，都用 audio.play() 播放已经读进来的声音文件。

[Point2] 顺序很重要：程序由上而下执行

```
1   local mySound1 = audio.loadSound("S1.mp3")
2
3   local on1Touched = function(event)
4       if event.phase == "press" then
5           audio.play(mySound1)
6       end
7   end
8
9   local sound1Button = ui.newButton{
10      defaultSrc = "1.png",
11      defaultX=51,
12      defaultY=224,
13      overSrc = "1P.png",
14      overX=51,
15      overY=224,
16      onEvent = on1Touched,
17  }
```

图 1

之前说过，在 Corona 里面，程序代码的顺序很重要。请看图 1。在这段程序代码中，先在第 1 行汇入一个音效 S1.mp3，把这样的一个音效叫做 mySound1。在第 5 行，当按键按下执行 on1Touched 的时候，以 audio.play (mySound1) 播放出音效。这样是正确的顺序，程序代码在执行的时候就没有问题。当程序进行到第 5 行，要播放 mySound1 的时候，程序在前面第 1 行，已经知道什么是 mySound1 了。

```
1    local on1Touched = function(event)
2        if event.phase == "press" then
3            audio.play(mySound1)
4        end
5    end
6
7    local sound1Button = ui.newButton{
8        defaultSrc = "1.png",
9        defaultX=51,
10       defaultY=224,
11       overSrc = "1P.png",
12       overX=51,
13       overY=224,
14       onEvent = on1Touched,
15   }
16
17   local mySound1 = audio.loadSound("S1.mp3")
```

图 2

接下来请看图 2。如果我们把本来第 1 行汇入音效文件的程序代码写在最下面的话，那程序在执行到第 3 行的时候，由于我们还没有告诉程序，所以它还不知道什么 是 mySound1，这时候执行程序就会有错误。

```
1    local mySound1
2
3    local on1Touched = function(event)
4        if event.phase == "press" then
5            audio.play(mySound1)
6        end
7    end
8
9    local sound1Button = ui.newButton{
10       defaultSrc = "1.png",
11       defaultX=51,
12       defaultY=224,
13       overSrc = "1P.png",
14       overX=51,
15       overY=224,
16       onEvent = on1Touched,
17   }
18
19   mySound1 = audio.loadSound("S1.mp3")
```

图 3

要解决这个错误，除了可以像图1一样，在第一行，程序使用音频文件之前，就先做汇入的动作，或者也可以像图3一样，先在第一行告诉程序有 mySound1 这个事物，而在第19行，再清楚地定义 mySound1 是 S1.mp3。在 Corona SDK 里，程序代码摆放的顺序很重要。要用的素材，在使用前要先声明或定义好。

【实作时间】播放音效

step 01 首先要把声音汇入进程序中，但要注意，下面写的程序代码，要放在播放音效程序代码的前面。所以请把下面的程序代码，放在 backgroundImage.y =160 之后，local ui = require（"ui"）之前。

```
1    local mySound1 = audio.loadSound("S1.mp3")
2    local mySound2 = audio.loadSound("S2.mp3")
3    local mySound3 = audio.loadSound("S3.mp3")
4    local mySound4 = audio.loadSound("S4.mp3")
5    local mySound5 = audio.loadSound("S5.mp3")
6    local mySound6 = audio.loadSound("S6.mp3")
7    local mySound7 = audio.loadSound("S7.mp3")
8    local mySound8 = audio.loadSound("S8.mp3")
```

step 02 如下图，再将程序代码做下面的更改。

```
1   local on1Touched = function(event)              1   local on1Touched = function(event)
2       if event.phase == "press" then              2       if event.phase == "press" then
3       print"just pressed sound button 1"          3       audio.play(mySound1)
4       end                                         4       end
5   end                                             5   end
```

on2Touched、on3Touched... 都要改动程序代码

on1Touched 里的 print"just pressed sound button 1"，改成 audio.play(mySound1)；

on2Touched 里的 print"just pressed sound button 2"，改成 audio.play(mySound2)；

on3Touched 里的 print"just pressed sound button 3"，改成 audio.play(mySound3)；

on4Touched 里的 print"just pressed sound button 4"，改成 audio.play(mySound4)；

on5Touched 里的 print"just pressed sound button 5"，改成 audio.play(mySound5)；

on6Touched 里的 print"just pressed sound button 6"，改成 audio.play(mySound6)；

on7Touched 里的 print"just pressed sound button 7"，改成 audio.play(mySound7)；

on8Touched 里的 print"just pressed sound button 8"，改成 audio.play(mySound8)。

`step 03` 存盘之后，小木琴应该就可以发出声音了。这样我们的快乐木琴就制作完成了。

请打开本章 "CH3 Sample" 文件夹，里面有一个 "Xylophone" 的子文件夹。这个子文件夹就是本章完成后的程序代码。当你写的程序代码发生问题时，在里面有一个 main.lua 的文件。看看和你自己写的 main.lua 有哪些不一样，即可发现自己在哪边犯了拼字或是程序代码顺序的错误。

【我们写了什么样的程序代码】

我们刚才把声音文件读进程序中，设定按键让按下之后会发出各种音效。这样就完成小木琴的应用程序。

3-5 简单又实用的对象摆放工具：Gumbo

在小木琴的制作过程中，摆放按键的位置是计算得出来的。如果自己在做程序的话，摆放接口图片位置是个繁琐耗时的工作。在本章的最后，推荐大家一个免费的小工具 Gumbo，来帮助读者在写程序的时候，轻松地摆放各个图片的位置。Gumbo 是网络上面的应用程序，需要联网才可以使用。接下来是 Gumbo 的简单使用介绍。

【实训时间】使用 Gumbo 来摆放图片位置

step 01　先打开浏览器，链接下面的网址：http://www.nerderer.com/Gumbo/。

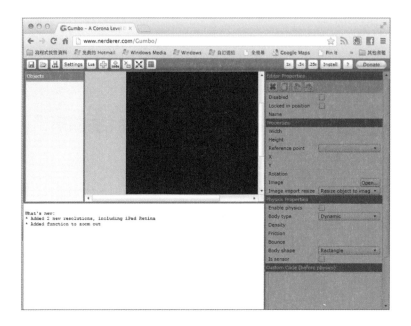

step 02　按下左上方 "Settings" 的按钮，选择要制作接口的模式，填入长宽的数值。比方在小木琴的这个例子里，要选 iPhone Landscape（横向）、宽度填上 "480"、高度填上 "320"。

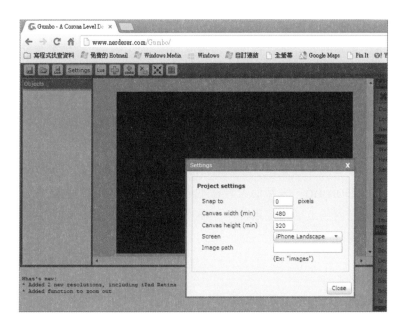

step 03 如图，先按左上方的"+"按钮，增加一张图片。在右边列表找到"Image"，按"open"搜寻正确图片文件。用鼠标把屏幕中间的图片移到正确位置。最后在右边列的"Name"中，把图片命名成程序里该有的名字。举例，程序里的底图是backgroundImage 的话，首先加入的图片，就叫backgroundImage。

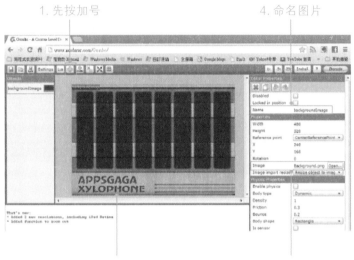

1. 先按加号

4. 命名图片

3. 用鼠标把图片移到正确位置

2. 找到正确图片文件

step 04 依次把其他的按键图以同样的方法放入屏幕里。

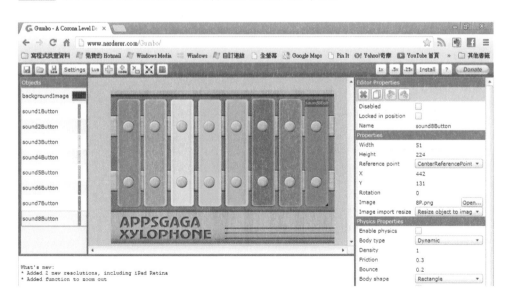

step 05 按下上方的"lua"按钮，会发现下面就会自动帮你产生程序代码了，把下方的程序代码拷贝到你的文件里，依照按键或是图片稍做修改，就可以轻松地制作游戏程序界面。

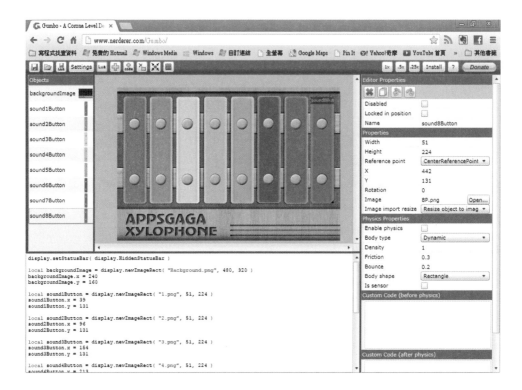

学到了什么

没想到吧？就这样我们就可以做出一款简单的乐器程序。

有没有兴趣挑战一下，自己做一款小钢琴呢？把图片换一换，你也可以做出简单的手机程序了。在本章里，我们学到：

1. 如何用工具快速地放置图片

以后要制作程序的接口、摆放各个图片的位置，可以到 Gumbo 网站，利用这个工具轻松地产生程序代码。

2. 如何制作按钮

在 Corona SDK 里，制作按钮先要把 ui.lua 的文件拷贝到项目文件夹里，然后在程序刚开始时，引入 ui.lua，想要产生按键的时候，用 ui.newButton 制造新的按键，随后做相关的设定。在设定的同时，要考虑到程序代码摆放的位置。

3. 如何播放音效

用 audio.loadSound() 把声音文件读入程序里；用 audio.loadStream() 把背景音乐读入程序里。播放的话，用 audio.play() 播放已经读入进来的声音文件。

在制作完成小木琴之后，相信大家也和我一样，觉得 Corona SDK 是一款简单易学的开发工具。

在下一章里，我们要真正进入程序编写的介绍。有了这章的基础，再加上下一章的基本功，大家一定可以在很短的时间之内，开发出自己心中想要完成的手机游戏或程序。

Chapter 4
程序基础

　　制作完快乐木琴后，这章要介绍程序语言的部分。Corona SDK 里使用的程序语言叫做 lua。接下来就要从基础的变量概念，介绍到加减乘除等各种运算程序控制相关的判断式与循环写法、函数的概念，一直到 lua 语言里的表格。有了这些基本功，才能用 Corona SDK 制作自己心中想要开发的软件。

在本章里，你可以学到：

1. 变量的概念

2. 各种运算符号

3. 流程控制

4. 什么是函数

5. lua 语言的表格

加油！让我们继续学习吧！

4-1 变量

变量名称　　　　　　　数值

　　变量是在程序里用来暂时存放数据的单位，就好像我们小时候学代数看到
"$X=2$"一样，X就是变量名称。$X=2$就是把 2 这个数值给 X。之后 X 就等于 2 了，
可以 再用 X 来做接下来的各种运算。

```
local backgroundImage = display.newImageRect("Background.png",480,320)
```

　　像小木琴程序里，贴背景图时写了 "local backgroundImage =
display.newImageRect("Background.png"，480，320) 这样的程序代
码。其中，backgroundImage 就是像 "$X=2$" 里面的 X 一样，是一个变量。
在上面的程序代码中，我们用 display.newImageRect("Background.
png",480,320) 在屏幕上产生一张图，再把这张图用等号给了左边的
变量 backgroundImage。就像 "$X=2$" 之后可以继续用变量 X 做运算
一样。在 小 木 琴 的 程 序 里，在 写 了 local backgroundImage =display.
newImageRect("Background.png",480,320) 之后，就可以用 backgroundImage
继续做更多的事情，如设定 backgroundImage 的 X 坐标和 Y 坐标位置等。

　　我们再来看另外一个例子：

```
local mySound1                              local mySound1 = audio.loadSound("S1.mp3")
mySound1 = audio.loadSound("S1.mp3")

     先声明变量，之后给值                          声明变量同时给值
```

　　在小木琴一开始汇入音乐时，程序代码是 local mySound1 = audio.
loadSound ("S1.mp3")。在这边我们用 audio.loadSound("S1.mp3")
产生一个声音。由于这个声音之后在程序里还要使用，所以我们用一个变
量 mySound1 存起来。之后要放音效的时候，就会使用 mySound1，并用
audio.play(mySound1) 把声音播放出来。上一章提过，可以像上图右侧，声
明一个变量同时给值。不过除此之外，也可以像上图左侧，先告诉程序有个变量

叫做 mySound1，然后在适当的时候，再把适当的数据存进变量里。

变量是在程序里暂时存放数据的单位。在撰写程序的过程中，我们常常会想要把 之后会用到的数据存下来。这时候就会在程序里，新增一个变量。

（1）修饰字 local

也许大家注意到了，每个变量前面，都有加上一个 loca。local 是变量的修饰 字，告诉程序这个变量是一个局部变量。只存在于该文件的区域里面。项目越写越庞大以后，会发现除了 main.lua 以外，还会有各种不同的程序代码文件。为了避免在各个不同的程序代码里面同名变量互相冲突，于是要在变量前面加上一个 local。如果没有写上 local 的话，在项目里每个程序代码都会看见这个变量，很可 能会因此发生错误。

（2）变量命名

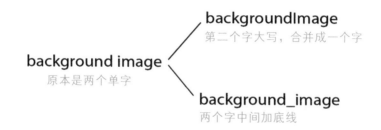

前面看到 backgroundImage、mySound1 等变量，这些变量名称都是作者自行命名的。在写程序的过程中，你也要帮你的变量命名。而变量的名字，最 好要取得有意义。像背景图命名成 backgroundImage、某个声音命名成 my- Sound1。这样的话，也可以一眼就看出变量的功用。

帮变量命名时，中间不要有空格。如图，本来两个单词，可以让第二个单词的第一个字母大写，合成一个独特的变量名称，或是在两个单词中间加上底线，也是可行的方式。命名的时候有分大小写，以英文字母开头。变量名称的第一个字符不能是底线，也不可以是数字。除此以外，变量也不能够和 lua 的保留字同名。 包括 which,are,and,break,do,else,elseif,end,false,for,function, if,in,local,nil, not,or,repeat,return,then,true,until 以及 while。这些都是写程序要用到的词，不能拿来当变量名称。

（3）储存在变量的数据

上面提到的变量是用来存放数据用的，而在变量里可以存放什么数据呢？可以存入下列六种数据。

① 数字。包括整数、小数、负数。如 myNumber = 5，一个叫 myAnswer 的变量，里面存了一个整数 5。

② 字符串。存放文字数据。如 myName = "Thomas"，一个叫 myName 的变量，里面的值是 Thomas。这里，文字数据要用引号括起来。

③ 表格。存放一系列的数据。本章稍后会介绍表格。

④ 函数。存放一个函数的方法，在本章稍后也会介绍到。

⑤ 布尔值。包括 true 及 false。如 myAnswer = true，为一个叫 myAnswer 的变量，里面存着 true 这个值。

⑥ nil。没有东西的空值也可以储存在变量里面。

4-2 运算符号

了解变量是什么、变量的命名与可以储存什么数据在变量内，接下来要介绍运算各种变量时会用到的运算符号。运算符号是对数据进行操作的运算单元。比方说 +、−、*、/，这些都是运算符号。运算符号分成数学运算、比较运算、逻辑运算、指定运算、字符串长度运算以及连接符号。

（1）数学运算：+，−，*，/，%，∧

在程序写作过程中，可以运用上面的运算符号来做数学运算。如 7+3，会得出答案 10。这里大家比较不常见的，就是 %，百分比是求余数的运算符号，如 7 除上 3，得到的余数是 1，所以 7%3 的结果就是 1。另外，∧ 代表的是做平方运算的意思，如 6∧2，得到的答案会是 36。

（2）比较运算：>，<，>=，<=，==，~=

比较两个数值可以用比较运算。如 3 的确大于 2，所以把 3、2 及大于符号做 3 > 2 的运算的话，会得到 true；相反的做 3<2 的运算，就会得到 false。

比较运算就好像叫程序判断一个命题是否成立，得到的答案不是 true 就是 false。

比较不常见的运算符号是 ==，如果两个数值相同的话，如 5 等于 5，把 5 和 5 用 == 比较，5==5 就会得到 ture；相对的，5==4 就会得到 false。另外， ~ = 是不等于的意思，如果两个数值不同的话，如 36 不等于 37，36 ~ = 37 就会得到 true；相对的，36 ~ =36 就会得到 false。

（3）逻辑运算：and，or，not

程序判断时会出现逻辑运算，如要判断条件一和条件二都要成立的话，就会用"条件一 and 条件二"这样的写法；如果条件一或条件二其中一个成立就好了，就会用"条件一 or 条件二"这样的写法；而条件一不成立的话，可以用"not 条件一"的写法。本书后面会再做更多的解释。

（4）指定运算：=

用来把等号右边的值指定给左边的变量。如x=2，就是把2指定给左边的变量 x。

（5）字符串长度运算：#

用来计算一个单词的长度。如 #"superstar"，由计算机计算 superstar 这个单词的长度，得到的结果会是 9，因为有 9 个字母。

（6）连接符号：..

想要在 Corona SDK 印出信息到终端机程序时，用两个点来连接两个事物，下面会举例做更详细的说明。

注意

在程序的世界里 "=" 和 "==" 不一样， "=" 是把等号右边的值指定给左边的变量；而要判断两个数值是否相等的时候，要用 "==" 来判别。

【实训时间】来打印些东西吧！

step 01 请在桌面新增名为 "PrintSomething" 的文件夹，并在其中新增一个 main.lua 的文件。

step 02 在里面写进下面的程序代码：

```
1  local myNumber=4
2  local myString="CORONA SDK"
3  print(3)
4  print("Now print something")
5  print("My lucky number is "..myNumber+3)
6  print("I love "..myString)
7  print("The length of myString is "..#myString)
8  myNumber = (myNumber +10)^2
9  print("Finally, myNumber is "..myNumber)
```

step 03 存档后再用 Corona Simulator 打开文本编辑器建立的 main.lua 文件。

```
3
Now print something
My lucky number is 7
I love Corona  SDK
The length of myString is 10
Finally, myNumber is 196
```

【我们写出了什么样的程序代码】

print 是 Corona SDK 内建的功能。想要终端机打印出什么东西的话，可以利用 print 这个功能。如果想要打印数字的话，可以直接写 print(3)，这样执行程序的时候，就会在终端机上打印出 3；如果要打印的是文字的话，则需要把文字用引号框起来。例如：print("Corona SDK")，则会把中间的 Corona SDK 打印出来。

在刚才程序代码的第 1 行和第 2 行，分别声明两个变量：一个是 myNumber，并且把 myNumber 的值设为 4；另外一个变量是 myString，myString 是一个字串，内容为 Corona SDK。

第 3 行 print(3)，所以在终端机上，首先打印出了 3。接下来，写了 print("Now print something")，所以接着打印出 "Now print something" 这个字符串。

第 5 行用 .. 连接 My lucky number is 和 myNumber+3 运算的结果，所以最后打印出：My lucky number is 7。

第 6 行用 .. 连接 I love 和 myString 变量。由于之前设定 myString 是 Corona SDK。所以接着看到终端机打印出：I love Corona SDK。

第 7 行用 #myString 算出 Corona SDK 包含中间的空格一共是 10 个字符。

第 8 行用指定运算符号 =，把右边运算的结果设定给左边的变量。所以最后 myNumber 变成 196。

利用 PrintSomething 这个范例，了解变量与各种运算符号。接下来要进入程序里的流程控制概念。

4-3 流程控制

在流程控制的这个小节里，要介绍三个主题，分别是 if 判断式的写法、for 循环 与 while 循环。有了这些写法，就可以控制程序进行的流程。

（1）if 判断式

if 情况1 then
要执行的程序代码
end

如图，用 if 判断式来决定程序要做的事情。如果情况 1 成立的话，就执行 if 和 end 中间的程序代码。接下来让我们通过范例来更熟悉 if 判断式的写法。

【实训时间】来写一次 if 判断式吧

step 01 请在桌面新增"IfStatementTest"的文件夹，并在文件夹里新增一个 main.lua 的文件。

step 02 在 main.lua 里面，输入下面的程序代码：

```lua
1  local firstNumber = 6
2  local secondNumber = 5
3  local thirdNumber = 7
4  if firstNumber>secondNumber then
5      print("First number is greater than second number")
6  end
7
8  if firstNumber<secondNumber then
9      print("First number is not greater than second number")
10 elseif firstNumber<thirdNumber then
11     print("First number is not greater than third number")
12 end
```

step 03 存档后再用 Corona Simulator 打开文本编辑器建立的 main.lua 文件。

【我们写出了什么样的程序代码】

前三行程序代码定义三个变量之后，后面则是两种 if 的判断式，4 ～ 6 行是指，如 果 firstNumber 比 secondNumber 大的话，则打印出 " First number is greater than second number"。因为 firstNumber 为 6，真的比 secondNumber（5）大，所以会看到终端机打印出 "First number is greater than second number " 这行字。

第 8 ～ 12 行程序代码则是 if 的判断式的变形，8 ～ 9 行里是指如果 firstNumber 比 secondNumber 小，就执行第 9 行的程序代码；第 10 行接着，在 firstNumber 没有比 secondNumber 小的情况下，如 firstNumber 小于 thirdNumber，则会执行第 11 行的程序代码。所以到最后打印出："First number is not greater than third number" 这句话。

注意：

程序代码第 5 行、第 9 行及第 11 行前面的空格是之前提过的缩排。请用 "tab" 键制作缩排空格的效果，这样缩排的效果很重要，有助于我们看程序。经由缩排我们很清楚地分别程序代码 4 ～ 6 行是一个单位，8 ～ 10 行是一个单位，10 ～ 11 行是一个单位。写程序时请不要偷懒，一定要加上缩排效果。

（2）for 循环

for 起始数值, 结束数值 **do**
　　要执行的程序代码

end

程序要执行重复的事情时，就会用循环的方式来让程序做重复的事。其中一种循环的写法就是 for 循环。for 循环的写法如上图，设定起始数值与结束数值，在 for 和 end 中写下要执行的程序代码。接下来，我们用一个简单的范例来说明基础 for 循环的使用。

【实训时间】来写一次 for 循环，打印出 1 到 10 的数字吧

step 01 请在桌面新增名为 "ForLoopTest" 的文件夹，并在其中新增一个 main. lua 的文件。

step 02 在 main.lua 里面，输入下面的程序代码

```
1  for i=1,10 do
2      print(i)
3  end
```

step 03 存档后，用 Corona Simulator 打开文本编辑器建立的 main.lua 文件。

【我们写出了什么样的程序代码】

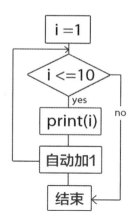

先在第一行里设定了起始数值是 1，结束数值是 10。如流程图所示，程序从 1 开始 执行，先打印出数值，Corona SDK 会自动将数值加上 1 后，进行循环。看看数值有没有到达结束的数值。如果没有的话，就会继续执行 for 和 end 中间的程序代码；如果超过了结束数值的话，就会离开循环。用这样的程序，打印出 1 到 10 的数字。

（3）while 循环

while 情况1 do
要执行的程序代码
增加数值
end

程序要执行重复事情的话，除了用 for 循环，还可以用 while 循环。while 循环的写法如上图所示，设定需要执行循环的情况，在 while 和 end 中，写下要执行的程序代码。while 循环和 for 循环比较不一样的地方是，在 end 结束之前，记得要增 加数值。接下来，用一个简单的范例来说明 while 循环的基础使用方法。

【实训时间】来写一次 while 循环，打印出 1 到 10 的数字吧

`step 01` 请在桌面新增名为 "WhileSample" 的文件夹，并新增一个 main.lua 的文件。

step 02 在 main.lua 里面，输入下面的程序代码：

```
1   local i=1
2   while i<=10 do
3       print(i)
4       i=i+1
5   end
```

step 03 存档后再用 Corona Simulator 打开文本编辑器建立的 main.lua 文件。

【我们写出了什么样的程序代码】

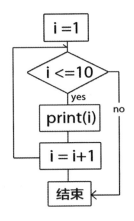

先在第 1 行里宣告一个变量，在 while 循环的设定里，设定如 i<=10，就会执行 while 和 end 中间的程序代码在第 4 行程序代码增加数值之后，进行循环。看看数值有没有符合小于等于 10 的设定。如果有的话，就会继续执行 while 和 end 中间的程序代码；如果没有的话，则会离开循环。用这样的程序，打印出 1 到 10 的数字。如流程图所示，程序从 i=1 开始执行，先打印出数值。

以上，介绍三种基本控制程序流程的方法。接下来要提到的主题是函数。

4-4 函数

```
function  函数名称(参数)
    要执行的程序代码
end
```

函数把程序里常会用到的程序代码模块化，让这些程序代码可以重复利用。其基本架构如上图所示，先写出 function，告诉程序接下来到 end 之前的程序代码是属于函数的内容。接下来写上函数的名称，在括号里可以填入函数需要的参数。最后把要执行的程序代码，写在 end 之前。为了了解函数的运行，可以实际动手写一个范例，从例子看函数的运行情况。

【实训时间】来写一个函数，计算出两数相加的结果

step 01 请在桌面新增名为"AddSample"的文件夹，并新增一个 main.lua 的文件。

step 02 在 main.lua 里面，输入下面的程序代码：

```
1   local answer
2
3   function printThreeLine()
4       print("this is the first line")
5       print("this is the second line")
6       print("this is the third line")
7   end
8   printThreeLine()
9
10  function add(number1,number2)
11      return number1+number2
12  end
13  answer = add(2,3)
14  print(answer)
```

step 03 存档后再用 Corona Simulator 打开文本编辑器建立的 main.lua 文件。

【我们写出了什么样的程序代码】

函数的使用方法包括两个部分：定义函数与调用函数。在上面的 main.lua 里，包括两个函数。首先来解释这两个函数做了什么事情。

第一个函数叫 printThreeLine，从第 3 行到第 7 行定义 printThreeLine 这个函数打印出三行文字。程序代码第 3 行在 function 空一格后，把函数的名称填上。由于这个函数并没有要使用任何参数，所以在括号中就没有填任何的参数。而第 8 行就是调用 printThreeLine 函数，执行 4 ~ 6 行的程序代码。如果没有写第 8 行程序，就不会打印出任何东西。程序进行的流程是从上面第 1 行开始跑，到第 8 行以前，都不会做任何事，程序只知道有一个叫

printThreeLine 的函数与其内容，一直到第 8 行用 printThreeLine() 调用函数，才会回头到第 3 行，执行其中的程序代码。要将程序重复执行相同的程序代码，可以把这些程序代码像范例一样写成一个函数，以调用函数的方式执行一样的操作。

从第 10 行开始到第 12 行，定义 add 函数：这个函数要算出两数相加的结果。这个函数有两个参数，在第 10 行参数的括号内填了两个参数，中间用逗号隔开。在第 11 行写出"return number1+number2"，函数就会回传两数相加的值。在第 13 行之前，函数还不会做任何的事情。一直到第 13 行用 add(2,3) 调用 add 函数，函数才会开始执行。程序先在第 13 行调用 add(2,3) 后，回去第 10 行，把 2 和 3 代入函数中做运算，在第 11 行回传相加的值后，再到第 13 行把这个回传的值用 answer 变量存起来，于第 14 行把 answer 打印在终端机上。

在这两个例子里，还要注意程序代码的顺序很重要。程序由上而下执行，所以要在调用函数前，就要把函数定义好，不然程序会出现错误，无法执行。如第 8 行调用 printThreeLine 之前，就要在 3 ~ 7 行把 printThreeLine 这个函数定义好。而在第 13 行调用 add 函数之前，就要在 10 ~ 12 行把 add 函数定义好。

函数就好像一台机器。
不要管里面在干什么，
把需要的参数丢进去，
就会产出结果！

sketched by 魏巍

　　我们会把常用的功能写在函数里，要用的时候重复调用。不过有时候我们会直接调用别人写好的函数来用。这个时候函数就好像上图的机器。不要管机器里面在做什么，只要知道传什么参数进去，会得到什么结果就好了。就像每次要打印出东西在终端机上，就会用 Corona SDK 里面的 print 函数，把要打印出来的东西放在括号里当作参数打印出来；又如把背景图放在屏幕上，用的是 display. newImageRect() 函数，同样需要将参数放进括号，Corona SDK 就会把背景图打印在屏幕上。

（1）函数也是一种数据形态

```
1  local answer
2  local calculate
3  function add(number1,number2)
4      return number1+number2
5  end
6  calculate = add
7  answer = calculate(2,3)
8  print(answer)
```

```
1  local answer
2  local add = function(number1,number2)
3      return number1+number2
4  end
5  answer = add(2,3)
6  print(answer)
```

　　前面 4-1 在介绍变量的时候曾提到，变量可以存的数据形态也包括函数。如上图左侧所示，在 3 ~ 5 行定义 add 函数后，在第 6 行的地方，用变量 calculate 把 add 函数存起来。日后要使用的时候，只要像第 7 行一样，写 calculate(2,3)，就可以执行原来 add 的函数了。

　　也可以试试看上图右侧的写法：在第 2 行声明变量的时候，就直接把函数定义好，并且存在变量中。要使用这个变量的时候，直接像第 5 行一样调用函数就可以了。

（2）函数创造新的命名空间

　　函数会创造一个新的命名空间、一个新的程序区块。相较于函数外的变量来说，在函数里面定义的变量是局部变量，只有在函数内才有作用。接下来用一个范例来解释这个局部变量的概念。

【实训时间】来编写一个解释局部变量的程序代码

step 01　请在桌面新增名为 "Local Variable Sample1" 的文件夹，并新增一个

main.lua 的文件。

step 02 在 main.lua 里面，输入下图左边的程序代码。

```
1  local z
2  z=50
3  print("1st print, z = " .. z)
4
5  z=z+50
6  print("2nd print, z = " .. z)
7
8  local add = function(number1,number2)
9      local z = 30
10     print ("3rd print, z = " ..z)
11     return number1+number2+z
12 end
13
14 print("answer = " .. add(10,20))
15 print("4th print, z = " ..z)
```

```
1st print, z = 50
2nd print, z = 100
3rd print, z = 30
answer = 60
4th print, z = 100
```

```
1  local z
2  z=50
3  print("1st print, z = " .. z)
4
5  z=z+50
6  print("2nd print, z = " .. z)
7
8  local add = function(number1,number2)
9      z = 30
10     print ("3rd print, z = " ..z)
11     return number1+number2+z
12 end
13
14 print("answer = " .. add(10,20))
15 print("4th print, z = " ..z)
```

```
1st print, z = 50
2nd print, z = 100
3rd print, z = 30
answer = 60
4th print, z = 30
```

step 03 存档后再用 Corona Simulator 打开文本编辑器建立的 main.lua 文件。

step 04 看看终端机显示的结果。

step 05 把原程序第九行的 local 拿掉，变成右边的程序代码

step 06 存档后再用 Corona Simulator 打开文本编辑器建立的 main.lua 文件。

step 07 再看看终端机显示的结果。

【我们写出了什么样的程序代码】

```
1    local z
2    z=50
3    print("1st print, z = " .. z)
4
5    z=z+50
6    print("2nd print, z = " .. z)
7
8    local add = function(number1,number2)
9        local z = 30
10       print ("3rd print, z = " ..z)
11       return number1+number2+z
12   end
13
14   print("answer = " .. add(10,20))
15   print("4th print, z = " ..z)
```

```
1    local z
2    z=50
3    print("1st print, z = " .. z)
4
5    z=z+50
6    print("2nd print, z = " .. z)
7
8    local add = function(number1,number2)
9        z = 30
10       print ("3rd print, z = " ..z)
11       return number1+number2+z
12   end
13
14   print("answer = " .. add(10,20))
15   print("4th print, z = " ..z)
```

左上图程序代码里，先在第 1 行声明有一个变量 z，再在程序代码的第 2 行把 z 设成 50，所以执行到第 3 行程序代码第一次把 z 值印出来，z 的值在终端器显示的值是 50；接着在程序代码第 5 行把 z 值加 50，所以执行到第 6 行程序代码时，印出来的 z 值是100；8～12 行定义 add 函数，函数里面在第 9 行，定义另外一个 local 的 z 值是 30。由于相较于在函数外的变量来说，在函数里面定义变量是局部变量，所以第 9 行这边的 z 值，是存在于函数之内的 z 值，所以由程序代码 11 行回 传的、第 14 行印出的值，会是 60。也由于第 9 行的 z 值，是存在于函数之内，所以第 15 行印出 z 值的时候，还会是函数外的 z 值，也就是 100。

右上图程序代码里，把第 9 行程序代码的 local 修饰字拿掉的话，程序的结果就会不一样。如果把 local 拿掉的话，程序就不会认为 z 是在函数里面定义的变量，而会认为 z 是第 1 行程序代码就已经声明的变量。在第 5 行 z 变成 100，继续在第 9 行的时候，z 就被设成 30。所以，虽然程序代码 11 行回传的结果还是一样，不过由于 z 值已经在第 9 行被设成 30，所以第 15 行印出 z 的值就是 30。

从这个范例里可以看出函数会创造一个新的命名空间、一个新的程序区块。外层空间的程序代码，无法存取内层的变量，而内层的程序代码，有可能存取外层的变量。

以上是对函数的介绍，在程序基础这个章节里面，接下来介绍最后一个概念——表格。

4-5 表格（table）

可以把table想成一个袋子
把所有的东西都丢进去

之前提到变量的时候说过，变量可以存放各种数据，其中包括一种叫做表格形态的变量。Corona SDK 的表格"table"，就是各种变量的集合。可以把这表格，想象成一个袋子，把所有的东西都丢进去。之后要用的时候，再从这个袋子里面找出来。Corona SDK 的表格分成两种：一种是有次序的表格，另外一种是无次序的表格。下面两个例子来说明这两种表格的概念与如何产生表格。

【实训时间】产生有次序的表格

step 01 请在桌面新增名为"HelloLuaTablel"的文件夹，并新增一个 main.lua 的文件。

step 02 在 main.lua 里面，输入下图左边的程序代码。

```
1  local fruitBag = {}
2  fruitBag[1] = "apple"
3  fruitBag[2] = "banana"
4  fruitBag[3] = "mango"
5  print(fruitBag[1])
```
方法 1

```
1  local fruitBag ={"apple","banana","mango"}
2  print(fruitBag[1])
```
方法 2

step 03 存档后再用 Corona Simulator 打开文本编辑器建立的 main.lua 文件。

【我们写出了什么样的程序代码】

在程序代码的第 1 行声明 fruitBag 这个变量，用 {} 产生出一个空表格。在第 2 行里，把字符串 apple 放进表格的第一个位置；第 3 行、第 4 行程序码依序放入 banana 和 mango 两个字符串。最后打印出 fruitBag 这个表格的第一个东西，打印出来的是一开始放进去 fruitBag 表格的 apple。

在这个范例里，先用 {} 产生出一个空表格，再丢东西进去这个空表格。除此以外，也可以用上图右边的程序代码，达到一样的效果，在第 1 行不仅用 {} 产生出表格，还直接把 apple、banana 和 mango 放进表格里。这样也可以产生出一个有次序的表格。

有次序的表格每个元素是有次序地放入表格内，要再从表格拿出时，也是用顺序 号码拿出。了解了有次序的表格之后，接下来再通过一个范例介绍无次序的表格。

【实训时间】产生无次序的表格

`step 01` 请在桌面新增名为"HelloLuaTable2"的文件夹，并在新增一个 main. lua 的文件。

`step 02` 在 main.lua 里面，输入下面的程序代码。

```lua
local fruitBag={
    red="apple",
    yellow="banana"
}
fruitBag.green = "mango"
print(fruitBag.red)
print(fruitBag["red"])
```

`step 03` 存档后再用 Corona Simulator 打开文本编辑器建立的 main.lua 文件。

【我们写出了什么样的程序代码】

在程序代码的第 1 行宣告 fruitBag 这个变量后，在第 2 行把 apple 这个字符串放进 fruitBag 的时候，将 apple 贴上一个标签 red；之后在第 3 行把 banana 这个字 串放进 fruitBag 的时候，将 banana 贴上标签 yellow。在第 5 行指如果未来想 继续丢东西进 fruitBag 这个表格的时候，就用类似 fruitBag.green 的方法，在 fruitBag 表格里再加入东西。

这样贴标签是无次序的表格，虽然是先放了字符串 apple 进去表格中，不过却不是用顺序的方式存进去的，而是以标签的方式存放进表格中，所以日后要从表格拿出来的时候，就要以程序代码第 6 行或是第 7 行的方式，以标签的方式拿出来。

上面为了解释方便，用标签来解释无次序表格。这边贴的"标签"，在程序的世界里叫做钥匙，也称为键（key），用这个键来存入值（value）。无次序表格，用键（key）存入值（value），日后再用键（key）存取值（value）。

（1）存放各种数据进入表格

```
1  local myClass = {
2      {name = "Thomas", Math = 55, Chinese = 80, Sport = 90, gender = "male"},
3      {name = "Debbie", Math = 30, Chinese = 70, Sport = 60, gender = "female"},
4      {name = "David", Math = 90, Chinese = 90, Sport = 40, gender = "male"},
5  }
6  print(myClass[1].name)
7  print(myClass[3].Sport)
```

在前面的例子中，将字符串放进两种表格里。事实上，可以存各种数据进入表格。如上图，我们可以将字符串、数字，甚至我们还可以把表格存进表格里，在程序代码的第 2 行，以无次序表格的方式，存了 name 是字符串 Thomas、Math 是数字 55 等。而 2 ~ 4 行的程序代码，则是以有次序的方式，把三个表格存进名叫 myClass 的表格。这样如果如第 6 行要打印出 myClass[1].name 的时候，会先找到 myClass 这个有次序表格的第一个，然后再在这个第一个表格里找出键（key）为 name 的事物，所以会打印出 Thomas 这个字符串。同理，myClass[3]. Sport 会得到数字 40。

```
1   local helloWorld = function ()
2       print("just print hello world")
3   end
4
5   local testTable = {
6       name = "CORONA Test",
7       func = helloWorld
8   }
9   testTable:func()
10  testTable.func()
11
12  testTable.add = function(Number1,Number2)
13      return Number1+Number2
14  end
15  print(testTable.add(2,3))
16
17  testTable.printMyName1 = function(self)
18      print(self.name)
19  end
20  testTable.printMyName1(testTable)
21  testTable:printMyName1()
22
23  function testTable:printMyName2()
24      print(self.name)
25  end
26  testTable:printMyName2()
```

除了可以把表格存入表格中，表格里还可以存入函数。请看上图，程序里 1 ~ 3 行先定义了 helloWorld 函数。之后在程序代码第 7 行中，于 testTable 里面用 func 这个键（key），把 helloWorld 存在 testTable 的这个表格里。如果想继续在表格中增加函数，可以参考第 12 ~ 14 行的程序代码的写法。使用的时候可以用第 9 行或第 10 行任一种方式调用表格里的函数。

在表格里新增函数有两个方法：第一种是像 17 ~ 19 行定义的 printMyName1 函数；第二种是像 23 ~ 25 行定义的 printMyName2 函数。这两个函数做的事情都一样，都是把存在 testTable 里面的 name 打印出来。

如果是 printMyName2 的写法，在定义的时候，已经包含了 testTable 这个表格了，所以在参数的括号里，没有加入任何的参数。

使用时，如果像 printMyName1 函数的定义法，可以用 20 行或 21 行的程序代码执行；相对的，如果是 printMyName2 的定义法，就只能像第 26 行程序代码一样使用了。

注意

printMyName1 和 printMyName2 的写法及调用方法，程序代码 20 行是用 . 去调用，21 行是用 : 去调用程序。

（2）表格的操作

知道如何产生表格之后，接着要介绍三种表格的使用方法。下面通过三个范例来解释表格的操作。当我们想要把表格的每个元素都叫出来，统一都对每一个元素做一些事情的时候，就会用到其中的两种方法。先从有次序的表格介绍起。

【实训时间】有次序表格的操作

step 01 在桌面新增名为"HelloLuaTable5"的文件夹，并新增一个 main.lua 的文件。

step 02 在 main.lua 里面，输入下面的程序代码。

```lua
1  local fruitTable = {"apple","banana","orange","mango"}
2  for i=1, #fruitTable do
3      print(fruitTable[i])
4  end
```

step 03 存档后，再用 Corona Simulator 打开文本编辑器建立的 main.lua 文件。

【我们写出了什么样的程序代码】

程序代码的第 1 行产生一个有次序的表格。这个范例要展示的是，要把有次序的表格里的每个元素拿出来做后续处理，可以用类似 2 ~ 4 行的程序代码，以 for 循环，配合运算符号 #，算出表格总共有多少元素来处理。在这个例子里，会从表格的第一个元素开始，到最后一个元素为止，把所有的元素在终端机上打印出来。

【实训时间】无次序表格的操作

step 01 在桌面新增名为 "HelloLuaTable7" 的文件夹，并新增一个 main.lua 的文件。

step 02 在 main.lua 里面，输入下面的程序代码。

```lua
1  local fruitTable = {
2      red = "apple",
3      yellow = "banana",
4      orange = "orange",
5      green = "mango"
6  }
7  for key,value in pairs(fruitTable) do
8      print(key,value)
9      if key=="red" then
10         print ("when key is red, the value is " .. value)
11     end
12 end
```

step 03 存档后再用 Corona Simulator 打开文本编辑器建立的 main.lua 文件。

【我们写出了什么样的程序代码】

程序代码的 1 ~ 6 行产生一个无次序的表格。产生表格的时候，可以像上面的范例一样，把所有的元素全部写在一行，也可以像这个范例一样，分成好几行来产生所有的表格元素。这个范例要展示的是，要把无次序的表格里的每个元素拿出来做后续处理的话，可以用类似 7 ~ 12 行的程序代码，以 for 循环，配合 key,value in pair() do 这样的写法，把表格的所有元素拿出来。先打印出所有的键与值，如果键（key）是 red 的话，则把值（value）打印出来。

【实训时间】插入及移除表格元素

step 01 在桌面新增名为 "HelloLuaTable7" 的文件夹，并新增一个 main.lua 的文件。

step 02 在 main.lua 里面，输入下面的程序代码。

```lua
1   local alphabetTable
2   local printMyTable1 = function()
3       for i=1,#alphabetTable do
4           print(alphabetTable[i])
5       end
6       print("********************")
7   end
8   local printMyTable2 = function(someTable)
9       for i=1,#someTable do
10          print(someTable[i])
11      end
12      print("********************")
13  end
14  alphabetTable = {"a","b","c","d","e","f","g"}
15  printMyTable1()
16  printMyTable2(alphabetTable)
17
18  table.insert(alphabetTable,3,"just insert this")
19  printMyTable1()
20
21  table.remove(alphabetTable,3)
22  printMyTable2(alphabetTable)
```

step 03 存档后再用 Corona Simulator 打开文本编辑器建立的 main.lua 文件。

【我们写出了什么样的程序代码】

程序代码的第 1 行声明 alphabetTable 这个变量，接着在第 14 行产生一个表格，把这个有七个字符串元素的表格，存在 alphabetTable 变量里面。

这个范例要展示的是，如果插入表格元素的话，可以用类似 18 行的程序代码，table.insert(表格名，要插入元素的位置，要插入的值）来插入一个元素到表格里面。如范例 table.insert(alphabetTable,3,"just insert this")，就是在 alphabetTable 表格的第三个位置上，插入 just insert this 的字符串。

相反的，如果要移除某个表格元素的话，可以用类似 21 行的程序代码，用 table. remove(表格名，要移除元素的位置）来移除表格里特定位置的元素。如范例 table.remove(alphabetTable,3) 就是要移除 alphabetTable 里第 3 个元素。

为了复习表格的操作与函数的写法，范例新增了两个函数，分别是第 2 ~ 7 行的 printMyTable1，与第 8 ~ 13 行的 printMyTable2。这两个函数做的事情都一样，是把 alphabatTable 的内容打印出来。唯一不同的是，使用 printMyTable2 的时候，要输入一个参数。所以在程序代码第 16 行执行 printMyTable2() 的时候，把 alphabetTable 当成一个参数传进 printMyTable2() 里，于是在执行到第 9 行到 someTable 的时候，就会用 alphabetTable 取代 someTable，达到和 printMyTable1() 一样的效果。

最后还要注意的是，变量和函数摆放的位置。为什么要在第 1 行先声明 alphabetTable 这个变量呢？因为程序代码的第 3 行会用到这个变量。如果在 14 行才声明的话，程序进行到第 3 行的时候，还不知道 alphabetTable 这个变量，所以程序会出错。写程序的时候，程序代码摆放的位置要特别注意。

学到了什么

以上我们快速地介绍了 Corona SDK 里面使用的程序语言 lua。

在本章里，我们学到：

1. 变量和各种运算符号

变量是程序里用来暂时存放数据的单位，要先声明再给值。

2. 流程控制

利用 if 判断式、for 循环与 while 循环来控制程序流程的进行。

3. 函数

函数是将程序里常会用到的程序代码模块化，让这些程序代码可以重复利用。函数也是一种数据形态，要先声明再定义。除此以外，要知道由函数所衍生出的局部变量概念。

4. 表格

包括有次序和无次序的表格。在这个章节学到要怎么产生这些表格，并对表格做各种操作。

以上是程序语言的介绍，接下来的章节将以这些为基础，一步一步地介绍怎么样做出完整的应用程序。

Chapter 5
显示物件的 10 个关卡

掌握基础的程序知识后，在这章介绍的是显示物件相关内容。在 Corona SDK 里，所有在屏幕上看到的东西都叫做 "显示物件（Display Object）"，学会和显示物件相关的各种操作方法，就可以在屏幕上自由地摆放各种图案，显示出各种想要让使用者看到的图形，读完本章，你将会发现，原来做游戏这么简单，就好像做美工剪纸，把图案贴到屏幕上这么容易。

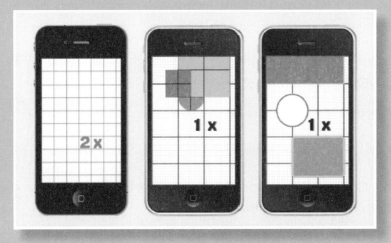

在本章里，你可以学到：

1. 显示物件的各种操作法
2. 如何用 Corona SDK 画出各种图形
3. 如何做出注解
4. 如何改动图层顺序
5. 如何调整设定文件

我们把所有显示物件的相关动作，整理成10个关卡。让读者挑战，一关一关地快速学习显示物件吧！

5-1 关卡 1：如何读入图片文件，并且显示在屏幕上

display.newImageRect（图片名, 图片宽度, 图片高度）

制作游戏就好像剪纸，把图案贴到屏幕上，在贴入其他各种图案之前，先在屏幕贴上一个背景图。不管再读入背景图片放在屏幕上，或是读入其他图片文件到屏幕上，请使用 display.newImageRect() 这个函数。如上图，第一个参数是图片的名字，第二个参数是图片的宽度，第三个的参数，是图片的高度。以下就来实际操作这个程序代码。

【实训时间】开新项目，贴入背景图

step 01 请在桌面新增名为 "DisplayObjectSample" 的文件夹，并新增一个 main.lua 的文件。

step 02 拷贝 CH5 范例文件中 "Ch5 sample" 文件夹内的 "所需文件 1" 的全部文件至 "DisplayObjectSample" 文件夹中。

step 03 输入下面的程序代码：

```
1  local background = display.newImageRect("Background.png",320,480)
```

step 04 存档后再用 Corona Simulator 打开文本编辑器建立的 main.lua 文件。如图所示，请记得在打开时选择 iPhone。

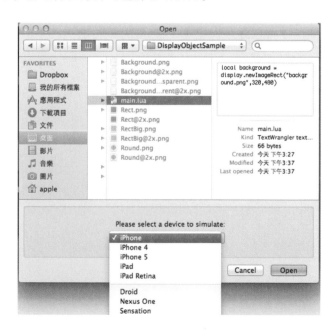

【 我们写出了什么样的程序代码 】

看到的情况

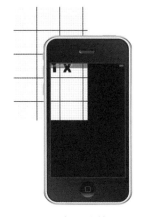

实际的情况

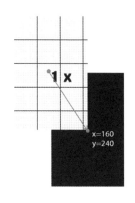

移动图片位置

如图所示，我们成功地把图片读进程序中，并且显示在屏幕上。不过，图片只显示右下的 1/4 而已，其他的部分到哪里去了呢？原来在屏幕的外面，我们无法看到。所以，接下来要移动图片，把图片的中点移动到屏幕的中间。iPhone 屏幕的大小是宽 320 像素，高 480 像素。在还没设定之前，图片的中心位置在坐标的原点（0,0)。接下来，把图片移到屏幕的中间，也就是 x=160，y=240 的地方。

5-2 关卡 2: 如何改变图形的位置

$$显示物件.x= x坐标数值$$
$$显示物件.y= y坐标数值$$

如图所示，改变图形的位置的方法很简单，设定其 x 及 y 坐标即可。下面通过实训改变图形的位置。

【实训时间】改变背景位置

step 01 请在关卡 1 的程序代码下面，写进下面的程序代码：

```
2   background.x= 160
3   background.y = 240
```

step 02 存档后选择 Relaunch Simulator 选项，重新执行程序。

【我们写出了什么样的程序代码】

如图所示，成功地将图移到屏幕的中间，让整张背景图显示在屏幕上。Corona SDK 坐标的原点在左上角，以 x 值描述横坐标，以 y 值描述纵坐标。越往右，x 坐标的数值越大；越往下，y 坐标的数值越大。在程序代码里，我们把背景图移到屏幕中间，也就是 x=160，y=240 的地方，所以背景可以完整地呈现。

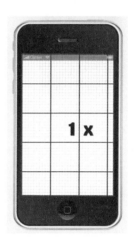

5-3 关卡 3: 如何去除状态栏

状态栏(StatusBar)

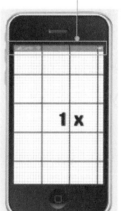

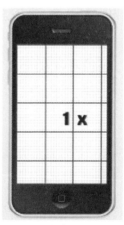

移除前   移除后

虽然背景图可以完整地呈现了，不过读者应该有发现，在屏幕上方有一条状态栏。如果想要移除屏幕上面的状态栏，可以用 display.setStatusBar() 这个函数来达成。如下图所示，在括号里填入不同参数，会有不同的结果。

display.setStatusBar(display.HiddenStatusBar)

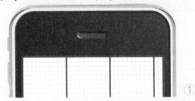

display.setStatusBar(display.DefaultStatusBar)

display.setStatusBar(display.TranslucentStatusBar)

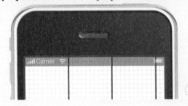

display.setStatusBar(display.DarkStatusBar)

① 填入参数 display.HiddenStatusBar，则状态栏会消失。

② 填入参数 display.DefaultStatusBar，则会出现白色的状态栏。

③ 填入参数 display.TranslucentStatusBar，则会出现半透明黑色，也就是原来的状态栏。

④ 填入参数 display.DarkStatusBar，则会出现黑色的状态栏。

【实训时间】去除屏幕的状态栏

step 01 display.setStatusBar(display.HiddenStatusBar) 移除状态栏的程序代码，通常在开始进入程序时就会去除。所以请将刚才程序代码的最上面写入程序代码。如下图所示。

```
1  display.setStatusBar(display.HiddenStatusBar)
2  local background = display.newImageRect("Background.png",320,480)
3  background.x= 160
4  background.y = 240
```

step 02 存档后选择 Relaunch Simulator 选项，重新执行程序。

【我们写出了什么样的程序代码】

照着提供的程序代码，顺利移除屏幕最上面的状态栏。以后要移除 iPhone 上的状态栏，请记住 display.setStatusBar() 这个函数。

5-4 关卡 4：如何支持 iPhone4

选择 View As iPhone4

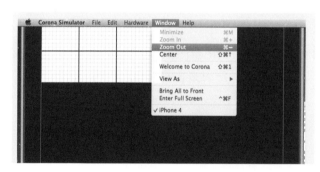

Zoom Out 缩小

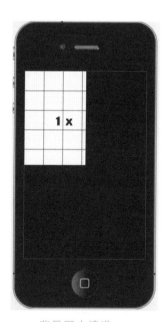

背景图未填满

　　程序写到现在，我们都是以 iPhone 为仿真对象来执行的。如果像上图，先选择 "Window → View As → iPhone4"，再用 "Zoom Out" 缩小，以 iPhone4 来预览，会发现图缩小在左上方，没有填满整个屏幕。

　　发生这种情况的原因是，iPhone4 虽然屏幕看起来和 iPhone 一样大，不过由于拥有视网膜显示（retina display），实际宽度和高度的像素都是前一代 iPhone 的两倍。所以原本在 iPhone 上面看起来填满屏幕的背景图，在 iPhone4 变成只剩下 1/4 的大小。接下来，我们就要让程序除了可以在 iPhone3G 上正常显示，也可以支持 iPhone4。

【实训时间】设定 config.lua 文件

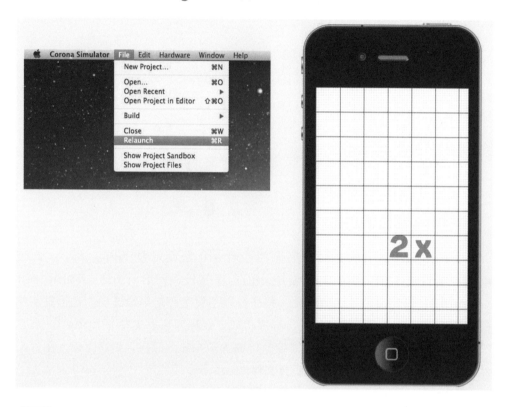

step 01 请打开本章范例文件夹"所需文件 2"的文件夹。将 config.lua 文件，拷贝到工作的"DisplayObjectSample"文件夹中。

step 02 如上图所示，选择"Corona Simulator"，按"File → Relaunch"，重新执行程序。

【我们写出了什么样的程序代码】

加入 config.lua 文件之后，在没有更改原本程序代码的情况下，用 Corona Simulator 模拟 iPhone4 的画面时，背景图已经可以填满整个屏幕了。不过要注意的是，虽然程序代码没变，都是读入 Background.png 的图，不过加入 config. lua 之后，读入的图和原本写着 1x 的图不一样。这时候读入的图是写着 2x 的、两倍大的图，也就是文件夹里面名为"Background@2x.

png"的图片文件。通过设定 config.lua 文件，程序可以判断屏幕像素的大小，读入不同的图。

（1）config.lua 文件设定：imageSuffix

接着来看看 config.lua 文件里面有什么设定。请用文本编辑器打开 config.lua，看看下面的程序代码：

```
1   application =
2   {
3           content =
4           {
5                   width = 320,
6                   height = 480,
7                   scale = "zoomStretch",
8                   fps = 30,
9                   antialias = true,
10                  imageSuffix ={
11                          ["@2x"] = 1.8,
12                  },
13          },
14  }
```

config.lua 这个配置文件里面的 content 是设定显示内容大小。先把原始宽度设成 320，原始高度设成 480。程序代码第 8 行 fps（frame per second），设定每秒处理的帧数；第 9 行则是设定开启平滑选项。这边重点在程序代码 10 ~ 12 行，就是这几行程序代码，让程序可以支持 iPhone4。这几行程序代码的意思是，当屏幕像素缩放比例大于 1.8 的时候，程序里读入图片文件，就要采用加有 @2x 字尾的图片文件。

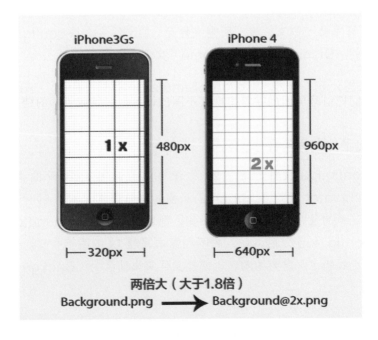

因为 iPhone4 的像素是 iPhone3Gs 的 2 倍，已经大于 1.8 倍了，所以在读图片文件的时候，程序看到 Background.png 的图，会自动以大图 Background@2x.png 代替。当然，iPhone4 是 iPhone3Gs 的两倍大，不过同时要考虑 Android 机型的情况，Android 机型画面的像素往往比 iPhone 大，可是却没有大到两倍。为了符合 Android 的机器，所以我们设定放大到 1.8 倍的时候，就要读两倍大的图。

（2）config.lua 文件设定：scale

config.lua 文件里面，另外值得注意的就是 scale 的设定。请先进入 "Corona Simulator"，到 "Windows → View as → Galaxy S3"，再用 "Window → zoom out" 缩小到适当比例。调整 config.lua 文件里 scale 里面的设定，会有不同的结果。

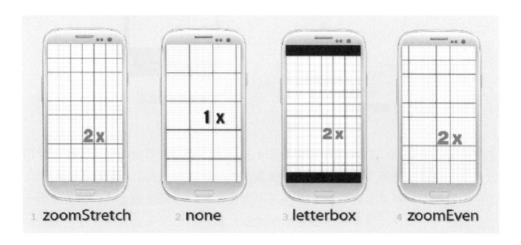

config.lua 程序代码的第 7 行，是 scale 的设定。原本的设定是 zoomStretch。

如果我们把引号里面的字符串换成不同的设定，会得到不同的结果，如上图所示。

① 设成 "zoomStretch"：将画面以不等比例拉长拉宽，直到填满整个屏幕为止。

② 设成 "none"：不会放大缩小，即使画面像素很大，也不会读两倍大的图。

③ 设成 "letterbox"：等比例地缩放，如果长或宽的其中一边再放大就超过屏幕，即会停止放大。如图所示，留下上下两块黑色的区域。

④ 设成 "zoomEven"：等比例地缩放，直到填满整个屏幕为止。部分画面的图，会因此而跑到屏幕的外面没办法看到。

以上就是 config.lua 所做的设定。

5-5 关卡 5：图层的概念

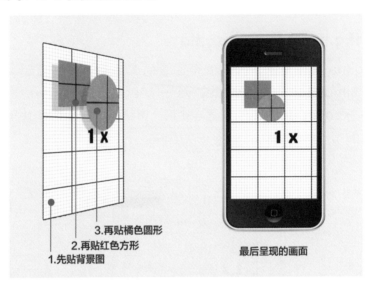

3.再贴橘色圆形
2.再贴红色方形
1.先贴背景图

最后呈现的画面

贴好了背景图之后，继续在背景图上贴入更多图案。**Corona SDK** 运作的方式是，后读入屏幕中的图片文件，会盖住之前读入的。如上图所示，先在屏幕上贴上背景图，再读入红色的方形，方形就会像紧贴在背景的上方，盖住背景一部分的图像；如果之后又贴入橘色圆形的图，橘色圆形又像是紧贴在红色方形的上方，盖住一部分方形的图像。好像画家画画，后画上去的颜料会盖住之前画上去的。这里是一层一层的图层，用这样的方法贴上好多的图样。

【实训时间】贴入方形和圆形

step 01 请 到 Corona Simulator 程 序， 选 择 "Windows → View As → iPhone" 以原始 iPhone 大小来预览。

step 02 在最后 background.y=240 后面，写入下面的程序代码。

```
5  local myRect = display.newImageRect("Rect.png",100,100)
6  myRect.x = 100
7  myRect.y = 100
8  local myCircle = display.newImageRect("Round.png",100,100)
9  myCircle.x=150
10 myCircle.y=150
```

step 03 存档后，选择"Relaunch Simulator"选项，重新执行程序。

【我们写出了什么样的程序代码】

照着之前的想法先加入红色的方形，再加入橘色的圆形。可以看到后加入的橘色圆形盖住先前加入的红色方形。这就是 Corona SDK 贴图的原则，后读入屏幕中的图片文件，会盖住之前读入的图片文件。

注意

如果要制作像橘色圆形一样、有透明背景的 png 图片文件，在 Photoshop 或其他图像处理软件里，要把图形存成 PNG24 的格式。PNG24 格式的图形，放到屏幕上，才会有透明的效果。

5-6 关卡 6：变更图层、放大缩小与旋转

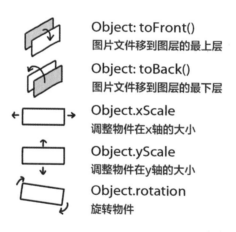

刚才提到，Corona SDK 里，后放入屏幕中的图片文件，会盖住之前读入的图片文件。不过，如果想让先放在屏幕上、被压在下面的图片文件移到图层的最上层要怎么做呢？如上图所示，使用 toFront() 这个函数；相对的，如果要把图移到图层的最下面，可以用 toBack() 函数。

贴完图片之后，如果想要放大或是缩小图像，可以用 xScale 或是 yScale 来做放大缩小的效果。而想要旋转图形的话，可以用 rotation 来做旋转的效果。在这个关卡里面，我们通过程序代码来练习这些功能。

【实训时间】更动图层，并且让图形做放大缩小与旋转的效果

step 01 用文本编辑器打开"DisplayObjectSample"文件夹的 main.lua 文件，

在 myCircle.y=150 后，写入下面的程序代码。

```
11  myRect:toFront()
12  myRect.rotation = 10
13  myCircle.xScale=1.5
14  myCircle.yScale=1.5
```

step 02 存盘后，选择"Relaunch Simulator"选项，重新执行程序。

【我们写出了什么样的程序代码】

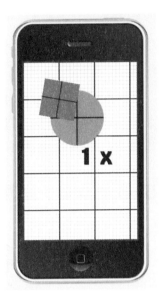

我们先用 toFront() 这个函数把红色方形移至所有图层的最上方，原本被橘色圆形盖着的红色方形，现在移到最上层把橘色圆形盖住了。接下来在程序代码里，用 myRect.rotation=10，将方形旋转了 10 度。最后设定 xScale 和 yScale，让橘色圆形 myCircle 放大 1.5 倍。这一连串的动作下来，看到如下图所示的结果。

5-7 关卡 7：透明度和显示

在缩放图形与旋转之后，要介绍其他两个可以调整的数值，那就是透明度和显示。

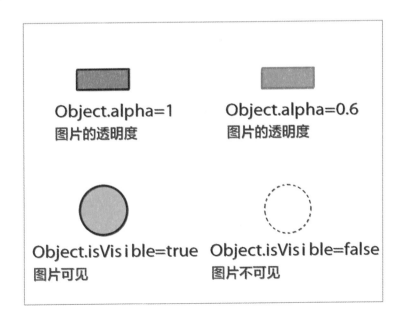

Object.alpha=1
图片的透明度

Object.alpha=0.6
图片的透明度

Object.isVisible=true
图片可见

Object.isVisible=false
图片不可见

如上图所示，如果要调整屏幕的透明度，可以用 alpha 来调整，1 是不透明，0 是完全透明。而如果要调整让图形是否显示，可以用 isVisible 来决定，true 就是可见，false 则是不可见。以 true 或 false 的显示数值，就是上一章提到变量的布尔值。以下再一次通过程序代码练习这些功能。

step 01 用文本编辑器打开"DisplayObjectSample"文件夹的 main.lua 文件，在 myCircle.yScale=1.5 之后，写入下面的程序代码。

```
15  myRect.alpha = 0.6
16  myCircle.isVisible = false
```

step 02 存盘后选择"Relaunch Simulator"选项，重新执行程序。

【我们写出了什么样的程序代码】

先把红色方形的透明度设成 0.6，所以红色方形变得有点透明。接着把橘色圆形设成不可见，于是橘色圆形从屏幕上消失。所以我们看到下图的结果。

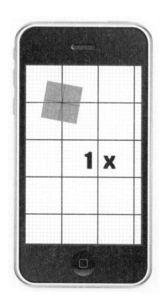

注意

想让屏幕上的图形消失可以把透明度设成 0，或是把 isVisible 设成 false。不过如果把透明度设成 0 的时候，内存还是有读入图，会花内存的空间，所以如果想让图在屏幕上消失，请不要用透明度，而是选择将 isVisible 设成 false。

显示对象可以看成是表格形式的数据

到目前为止，加入的图片，都是由 display.newImageRect 产生的"显示对象 (display Object)"。在屏幕上出现的这些显示对象，其实可以想成是表格类型 (table) 的数据。比如屏幕上的红色方形，可以看成是表格数据 myRect{x=100 ,y=100,rotation = 10,alpha=0.6...}。前几个关卡中，我们设定 myRect.x=100、myRect.y=100 等，只不过是设定表格里的数据罢了。由于可以将显示对象看成是表格形式的数据，我们也可以在表格里增加新的键值 (Key/Value)。比方说本来红色方形 myRect 没有 name 这个键 (key)，可以在程序代码动态地加入 myRect.name= "square"，之后在程序中，就可以使用这一对数据。也可以在 myRect 这样的表格中，存入专属的函数。在之后的章节中，我们将会更进一步地介绍相关的用法。

5-8 关卡 8: 如何批注

程序代码越写越多、越来越长的话，有时候回头来看自己写过的程序代码，会忘记或是搞不清楚自己在写什么。所以为了以后让自己或是一起合作写程序代码的伙伴能够看懂程序代码。我们会在程序代码的后面加上批注。Corona SDK 的批注方法很简单，只要写上 "--"，之后程序代码的内容在断行之前，Corona SDK 会视为批注，不会当成程序执行。如果要多行批注的话，要在批注内容的前后加上 "--[[" 与 "]]--" 符号。以下，用同一个范例来解释。

【实训时间】单行及多行的批注

step 01 用文本编辑器打开"DisplayObjectSample"文件夹的 main.lua 文件，在程序代码的第 11 行，于 toFront() 后空一格，写入下面的批注。

```
11  myRect:toFront() --把红色方形移到图层的前方
```

step 02 存盘后，选择 "Relaunch Simulator" 选项，重新执行程序。

step 03 接着在程序代码 16 行之前，加上批注符号，如下所示。

```
16  --myCircle.isVisible = false
```

step 04 存盘后，选择 "Relaunch Simulator" 选项，再重新执行程序。

step 05 在程序代码的第 10 行到第 11 行中间，插入多行批注符号，在 18 行结束多行批注，如下图所示。

```
11  --[[
12  myRect:toFront() -- 把红色方形移到图层的前方
13  myRect.rotation = 10
14  myCircle.xScale = 1.5
15  myCircle.yScale = 1.5
16  myRect.alpha = 0.6
17  --myCircle.isVisible = false
18  ]]--
```

`step 06` 存盘后，再次选择 "Relaunch Simulator" 选项，重新执行程序。

【我们写出了什么样的程序代码】

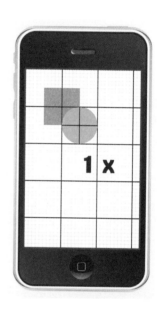

step 02 存盘之后，发现程序显示和我们之前的结果并没有不同。因此可见，step 01 加上的批注，程序在执行时不会理会。以后要写批注的时候，请参考 step 01 的做法。

接着在 step 04 存盘之后，发现因为前面加了批注符号，所以程序以为 myCircle.isVisible=false 这句话是批注不加以执行，于是橘色的圆形又重新出现。以后可以用这样批注的方式来让程序不要执行某行的程序代码。

最后整行批注，在 12 行到 17 行的程序代码都不会执行。所以我们看到上图的结果。以后需要多行批注的话，请参考这个范例里多行批注的写法。

5-9 关卡 9：显示群组（display Group）

当屏幕上的图片越来越多的时候，把某些图组成群组，可以直接移动整个群组，或是旋转整个群组来操控多个图像。要产生显示群组的时候，可以用 display.newGroup() 这个函数来产生群组。要加入图像到群组中时，可以用 displayGroup:insert() 还把图片加入群组中。下面通过程序代码，来解释怎么做出显示群组。

【实训时间】生成出显示群组

`step` 用文本编辑器打开"DisplayObjectSample"文件夹的 main.lua 文件，在之前批注的下面，写入下面的程序代码。

```
19    local myGroup = display.newGroup()
20    local myRectGreen = display.newImageRect("RectBig.png",200,200)
21    myRectGreen.x = 200
22    myRectGreen.y = 50
23    myGroup:insert(myRectGreen)
24    myGroup:insert(myRect)
25    print("How many display object in myGroup? --" .. myGroup.numChildren)
```

【我们写出了什么样的程序代码】

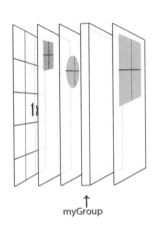
↑
myGroup

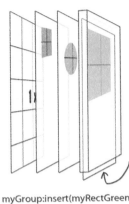
myGroup:insert(myRectGreen)

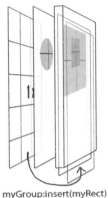
myGroup:insert(myRect)

在程序代码的第 19 行，用 display. newGroup() 建立一个显示群组，用变量 myGroup 存起来；接着在第 20 行，新增一个比较大的、绿色的方形。图层的情况就像上图的左边所示。先有背景，上面是红色方形，再上面是橘色圆形，紧接着在橘色圆形上面，是什么还都没有的显示群组，最后最上面的是绿色的大方形。

程序代码第 23 行把大绿色 myRectGreen 插入进显示群组 myGroup，状态方形就像上图中间的样子。

接下来程序代码第 24 行，把红色方形、myRect 插入进显示群组 myGroup，状态就像上图右边的样子。在屏幕上看起来，就如下图所示，红色的方形和绿色的方形在 myGroup 显示群组里面，下面则是橘色圆形还有背景。这时候，如果像程序代码 25 行一样，用 numChildren 就可以算出 myGroup 里面现在放进了多少元素。

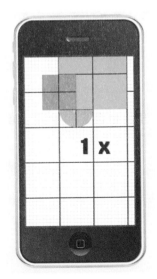

之后，我们可以利用 myGroup 同时操作程序代码里面的两张图片。可以用 myGroup.x、myGroup.y 设定位置，rotation 设定旋转角度，alpha 设定透明度，基本上用来操作显示对象的，都可以用来操作显示群组。显示群组也算是显示在屏幕上面的显示对象，只不过这是一个包含其他显示对象的特殊显示对象。

5-10 关卡 10：利用程序代码画图

（1）圆、矩形、圆角矩形

刚刚贴在屏幕的方形和圆形，都是放在文件夹里的图片。如果我们要在屏幕上贴上形状的话，除了事先放好图片以外，Corona SDK 也可以帮我们直接在屏幕上画出各种图案。

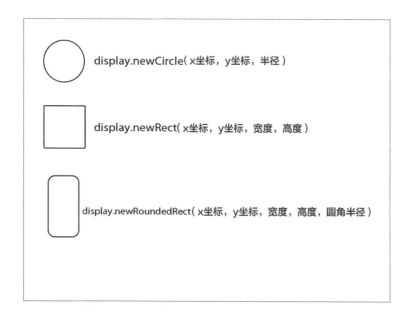

如上图所示，如果要画圆的话，可以用 display.newCircle() 这个函数，里面包含 3 个参数：第一个参数写上圆形 x 坐标的坐标值；第二个参数是圆形的 y 坐标值；第三个参数则是要画的圆形的半径。

接着，如果要画矩形的话，可以用 display.newRect() 这个函数，里面包含 4 个参数：第一个参数是矩形 x 坐标的坐标值；第二个参数是矩形的 y 坐标值；第三个参数是矩形的宽度；第四个参数是矩形的高度。

另外，如果要画圆角矩形的话，可以用 display.newRoundedRect() 这个函数，里面包含 5 个参数：第一个参数是圆角矩形 x 坐标的坐标值；第二个参数是圆角矩形的 y 坐标值；第三个参数是圆角矩形的宽度；第四个参数是圆角矩形的高度；最后的参数是四边圆角的半径。

用 Corona SDK 画图外，还可以用 setFillColor() 函数来设定图形的颜色，用 strokeWidth 来设定图形边框的宽度，用 setStrokeColor() 来设定边框的颜色。接下来，用程序代码示范这些绘图的功能。

【实训时间】用 Corona SDK 画出圆矩形与圆角矩形

`step 01` 用文本编辑器打开"DisplayObjectSample"文件夹的 main.lua 文件，把第四行 background.x=240 以下，从第五行 local myRect 开始的程序代码全部删掉。

`step 02` 在第四行 background.x=240 下面先空一格，然后写入下面的程序代码：

```
 5
 6  local myCircle = display.newCircle(100,200,60)
 7  myCircle.strokeWidth = 5
 8  myCircle:setStrokeColor(255,0,0)
 9
10  local myRectangle =display.newRect(0,0,300,100)
11  myRectangle.strokeWidth=3
12  myRectangle:setFillColor(255,0,216)
13  myRectangle:setStrokeColor(255,240,0)
14
15  local myRoundedRect = display.newRoundedRect(100,300,200,150,12)
16  myRoundedRect.strokeWidth=8
17  myRoundedRect:setFillColor(255,138,0)
18  myRoundedRect:setStrokeColor(0,255,18)
```

`step 03` 存盘后，选择"Relaunch Simulator"选项，重新执行程序。

【我们写出了什么样的程序代码】

在第 6 行的程序代码中，先用 display.newCircle() 画出 x 坐标为 100，y 坐标为 200，半径为 60 的圆。并在接下来的两行设定边框的大小与颜色。边框颜色是以 RGB 的数值为准，(255,0,0) 这样的颜色是红色。

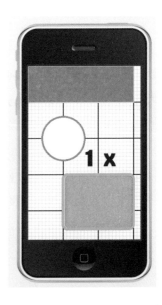

接下来用 display.newRect() 画出 x 坐标是 0，y 坐标是 0，宽度为 300，高度为 100 的矩形。设定边框为黄色、填色为粉红色。

最后用 display.newRoundedRect 画出 x 坐标为 100，y 坐标为 300，宽度为 200，高度为 150，四边圆角半径为 12 的圆角矩形。并设定填色与边框的宽度 及颜色。

这次在写程序的时候把同一个图形相关的程序代码写在一起，中间空了一格。这样的处理，让我们在看程序代码的时候，会更清楚。

注意

设定边框（strokeWidth），中间是用 "." 设定边框颜色及填色时，中间则是用 "："。

（2）画线和多边形

display.newLine(x1,y1,x2,y2)

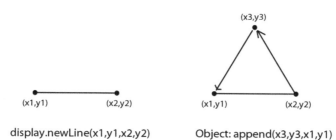

display.newLine(x1,y1,x2,y2)　　　　Object: append(x3,y3,x1,y1)

除了上述的形状，Corona SDK 还可以帮我们画线与多边形。请看上图，如果要用 Corona SDK 画线，可以用 display.newLine() 这个函数。里面先把线一端的坐标（x1,y1) 代入函数的参数，接着把线另一端的坐标 (x2,y2) 代进函数里面。画一条连接点（x1,y1) 与点（x2,y2) 的线，就用 display.newLine(x1,y1,x2,y2) 画出。

画多边形则是以画线为基础，继续加入更多的端点来描绘图形。比方说上图里要画一个三角形，就用 append() 这个函数加入端点，先加入坐标为（x3,y3) 的点，然后画图形的结尾，要加入起始的点（x1,y1)，才会把线段封闭起来形成一个图形。

这样以线段或是用线段封闭的图形，可以用 width 来设定线段的宽度，用 setColor() 函数设定线段的颜色。最后用程序代码示范如何画线与多边形。

step 01 用文本编辑器打开"DisplayObjectSample"文件夹的 main.lua 文件，把第 4 行 background.x=240 以下，从第 5 行 local myRect 开始的程序码全部删掉。

step 02 在第四行 background.x=240 下面先空一格，然后写入下面的程序代码：

```
5
6   local myLine = display.newLine(10,450,300,450)
7   myLine:setColor(255,102,102)
8   myLine.width = 5
9
10  local myTriangle = display.newLine(200,400,300,400)
11  myTriangle:append(250,300,200,400)
12  myTriangle:setColor(0,255,0)
13  myTriangle.width = 10
14
15  local star= display.newLine(0,-110,27,-35)
16  star:append(105,-35,43,16,65,90,0,45,-65,90,-43,15,-105,-35,-27,-35,0,-110)
17  star:setColor(255,204,0)
18  star.width=8
19  star.x=150
20  star.y=50
```

step 03 存盘后，选择 "Relaunch Simulator" 选项，重新执行程序。

【我们写出了什么样的程序代码】

首先在程序代码的第 6 行，用 display. newLine() 画出连接坐标（10,450）与坐标（300,450）的线段。并且在接下来两行设定线段的颜色与宽度。接着在程序代码的第 10 行到第 11 行画出一个三角形，一开始先用第 10 行的程序代码画一条线段，接着从线段结束的那一点开始，用第 11 行的程序代码加入三角形的第三个点 (250,300)，以及再回到原来起始点（200,400），把三角形的形状路径封闭起来。

最后，用同样的方法画出一颗星星，设定星星的位置，把星星放在屏幕上面。

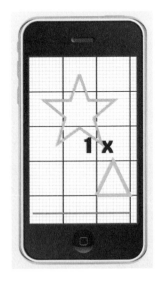

学到了什么

以上我们学到了显示对象相关的知识。现在来复习一下，在本章里，我们学到：

1. 如何贴图

用 display.newImageRect() 函数把图贴在屏幕上。如果是有透明部分的图，在用别的图像软件编辑时，要存成 PNG24 的格式。

2. 如何改变图的状态

用图片的 x 值改变 x 坐标的位置；用 y 值改变 y 坐标的位置；用 rotation 改变图片旋转的角度；用 alpha 改变图的透明度；用 isVisable 改变图是否可见的状态；用 xScale 和 yScale 改变图片两个方向的大小；用 toFront() 和 toBack() 改变图层的顺序。以上这些，都是改变图形状态的方法。

3. 如何用 Corona SDK 画图

可以用 display.newCircle() 画圆、display.newRect() 画矩形，display.new- RoundedRect() 画圆角矩形，用 dieplay.newLine() 画线，用 append() 为线段增加端点而画出多边形。这个章节的最后两个关卡，为介绍程序画图的方法。

4. 支持 iPhone4 各种缩放比例

加入 config.lua 来设定支持 iPhone4 与各种显示比例，用 scale 来决定各种屏幕的缩放方式。用 @2x 的后缀来命名两倍大的图形名称。在这个章节里面，也学会支持各种屏幕缩放比例的方法。

5. 显示群组

把各种显示对象放到显示群组里面一起操作是很重要的事情。一般我们看到游戏结束的菜单、暂停的菜单，都是以显示群组的方式做出来的。

6. 如何批注

Corona SDK 的单行批注是用两条横线 "――" 来做批注的；多行批注起始与结束则是用 "――[[" 与 "]]――" 来处理。这些可以提供自己或是别人看的程序代码注释，也可以暂时让一些程序代码失去作用。

7. 设定状态栏

利用 display.setStatusBar() 这个函数可以设定半透明的状态栏、白色的状态栏、黑色的状态栏，或是隐藏状态栏。

以上是关于显示对象的介绍。相关重要的程序代码，在范例文件里的 cookbook.lua 都有记录。在写程序时，可以打开 cookbook.lua 文件拷贝需要的程序代码，然后再按照不同的情况对程序代码做修改。

Chapter 6
奔跑的汽车

学习显示物件的各种静态设定之后，在真正做游戏之前，要学习怎么让画面上的贴图移动、怎么建立物理引擎、怎么播放动画等，让游戏"动起来"的技巧。学习的过程中，大家会发现画面显示的成果，越来越像平常玩的游戏了。让我们继续吧！

在本章里，你可以学到：

1. 如何让物件移动

2. 各种手势的判断

3. 背景滚动条效果制作

4. 动画播放

5. 简单场景制作

就让我们以学习过的贴图知识为基础，让屏幕上的显示物件动起来，创造活泼有趣的游戏世界吧！

本章想要做出一个汽车在跑的画面。如上图所示，要做出这样的画面，应该包含几个图层。其中先放上背景图，接下来是绿色的楼房图，上层是橘色的楼房图，最后放路面图与汽车的图形。还没有让车子动之前，先依照这样的顺序把图片贴入画面里。以下，我们把这个章节分成五大部分来做说明。分别是：

1. 移动图像

2. 各种手势判断

3. 背景滚动条效果制作

4. 动画播放

5. 简单场景制作

6-1 移动图像

Corona SDK 移动图像是用 transition.to() 函数来完成的，在还没有介绍这个函数之前，请读者先将所有会显示在屏幕的图像依序放在该放的位置。用下面的实训，来完成显示对象摆放的工作。

【实训时间】开新项目，贴入各种图像

`step 01` 请在桌面新增名为 "RunningCar" 的文件夹，并新增一个 main.lua 的文件。

`step 02` 将本章范例的 "Ch6 sample" 文件夹中，"所需文件" 的全部文件拷贝进 "RunningCar" 的文件夹中。

`step 03` 在里面写进下面的程序代码：

```
1   display.setStatusBar(display.HiddenStatusBar)
2
3   local background = display.newImageRect("Background.png",320,480)
4   background.x = 160
5   background.y = 240
6
7   local city1 = display.newImageRect( "City1.png", 320, 325 )
8   city1.x = 160
9   city1.y = 317
10
11  local city2 = display.newImageRect( "City2.png", 320, 258 )
12  city2.x = 160
13  city2.y = 351
14
15  local road = display.newImageRect( "Road.png", 320, 52 )
16  road.x = 160
17  road.y = 454
18
19  local car = display.newImageRect( "Car.png", 129, 99 )
20  car.x = 83
21  car.y = 379
```

`step 04` 存档后，再用 Corona Simulator 打开文本编辑器建立的 main.lua 文件。请记得在开启时选择 iPhone。

【我们写出了什么样的程序代码】

借由上面的程序写法，我们成功地把各种图像显示在屏幕上。在 CH3 快乐木琴的最后，有介绍免费计算摆放位置的软件工具 Gumbo。摆放图片的时候，可以多利用这个工具。

（1）移动图片的方法

想要在 Corona SDK 中移动显示对象的话，可以用上面的 transition. to() 方法。第一个参数把要移动的图片放进去，第二个参数是一个包含更多参数的

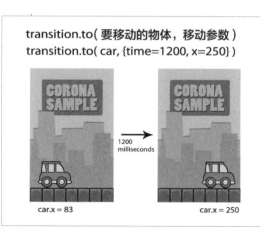

transition.to(要移动的物体，移动参数)
transition.to(car, {time=1200, x=250})

1200 milliseconds

car.x = 83   car.x = 250

表格 (table)。比方说我们要把画面的小汽车移到右边去，用 transition.to() 话，第一个参数就是要移动的对象，也就是 car；第二个参数是一个表格，记录着如何移动的设定。如上图所示，在表格里，我们将 time 设成 1200、x 设成 250。代表我们要移动的图像是小汽车，要在 1200 毫秒内，把车子移到 x 坐标为 250 的地方。以下，我们通过实训，实际来移动屏幕中的车子。

【实训时间】移动图形的位置

step 01 请在刚才程序 car.y=379 的下面空一格后，写入下面的程序代码。

```
22
23  local printWhenItsOver = function()
24      print("transition completed.")
25  end
26  transition.to(car,{time=1200,x=250,y=100,rotation=720,transition=easing.outExpo,onComplete=printWhenItsOver})
```

step 02 存盘后，选择 "Relaunch Simulator" 选项，重新执行程序。

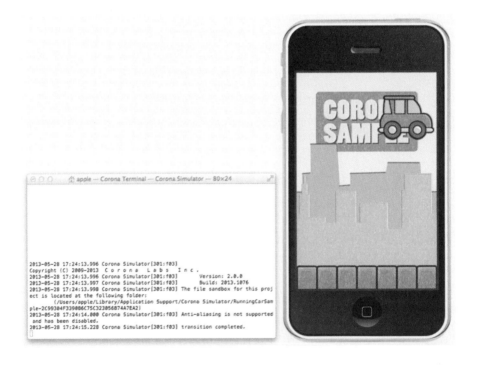

【我们写出了什么样的程序代码】

程序代码的第 26 行为移动车子的设定：在 transition.to() 中，第一个参数是 car，代表要移动的对象是 car；接下来第二个参数是一个用大括号包起来的表格，里面设定要在 1200 毫秒（也就是 1.2 秒的时间里），把车子由原来的位置移动到 x 坐标是 250、y 坐标是 100 的位置，并且借由设定 rotation，让车子一边移动一边转 720 度。从这里可以看出来，显示对象的所有相关状态都可以当作设定的对象，像之前介绍的 xScale、yScale，也都可以拿来作为动画的设定。

接下来 transition=easing.outExpo 是设定动画的进行快慢。经过这样的设定之后，动作会在结束的时候偏慢。除了 easing.outExpo 以外，还有下面几种设定，在制作动画效果时可以参考。

easing.inExpo   easing.outExpo

easing.inOutExpo   easing.inQuad

easing.outQuad   easing.inOutQuad

easing.linear

在 transition 之后，表格里最后是 onComplete 的设定，onComplete 设定在动画结束之后，要做些什么事情。在程序代码中，动画结束 onComplete，设定执行 printWhenItsOver 函数，所以，执行程序到最后动画结束时，终端机屏幕会印出"transition completed"字样。这边要注意的是，onComplete 要执行 printWhenItsOver 函数，所以 printWhenItsOver 函数要在 onComplete 设定之前就定义好了。在上面的程序代码里面，必须在程序代码第 26 行设定动画之前，也就是 23 ～ 25 行先定义 printWhenItsOver 函数。如下图，onComplete 的设定也会改成不同的格式。

格式1
```
local printWhenItsOver = function()
        print("transition completed.")
end
transition.to(car,{time=1200,x=250,y=100,rotation=720,
        transition=easing.outExpo,onComplete=printWhenItsOver})
```

格式2
```
transition.to(car,{time=1200,x=250,y=100,rotation=720,
        transition=easing.outExpo,onComplete=function()print("transition completed.")end})
```

写成下面的格式，即直接把整个函数写进 onComplete 的程序代码里面了。这样就不用帮函数命名，也可以省去三行程序代码的空间。

（2）设定执行的时间及次数

timer.performWithDelay(延迟秒数，执行函数名称，[执行次数])

介绍完移动图片的程序代码后，现在来介绍另外一个常用的功能：timer.performWithDelay()。这个函数可以设定时间和次数，让程序帮我们执行某一个动作。如上图，这个函数接受 2～3 个参数：第一个参数是要延迟多久才要执行某个动作；第二个参数是指定要做的事情，第三个参数是指定执行的次数。如果第三个参数没有写的话，Corona SDK 会预设执行一次；如果要执行无限次的话，则要把最后的参数设定为 0。以下，通过两个范例让读者了解这个函数的用法。

【实训时间】某段时间之后执行程序代码 1

step 01 请在刚才程序的最后面空一格后，写入下面的程序代码：

```
27
28   local moveBack = function()
29       transition.to(car,{time=1200,x=83,y=379,rotation=-720,transition=easing.inExpo})
30   end
31   timer.performWithDelay(2000,moveBack)
```

step 02 保存后，选择"Relaunch Simulator"选项，重新执行程序。

【我们写出了什么样的程序代码】

程序代码 28～30 行，定义 moveBack 函数。moveBack 函数要做的事情，就是 程序代码 29 行里，设定在 1.2 秒内，将车子从任何地方移回原来的坐标（83,379）。 设定好 moveBack 函数后，在程序代码 31 行用 timer.performWithDelay()，设定 在程序执行 2000 毫秒（也就是 2 秒）后，执行 moveBack 函数。第三个参数我们没有写，所以预设只会执行一次。这样程序代码的执行结果，就是当程序执行到 26 行时把屏幕上的小汽车移到右上方，而执行在程序代码第 31 行，过了 2000 毫秒后，再把小汽车移回到原点。

【实训时间】某段时间之后执行程序代码 2

step 01 请在刚才程序的最后面空一格后，写入下面的程序代码：

```
32
33   local timeLabel = display.newText("",160,10,native.SystemFontBold,20)
34   timeLabel:setTextColor(0,0,0)
35   local showTime = function()
36       timeLabel.text = os.date()
37   end
38   timer.performWithDelay(1000,showTime,0)
```

step 02 保存后，选择"Relaunch Simulator"选项，重新执行程序。

【我们写出了什么样的程序代码】

程序代码的第 33 行是一个新的功能，我们想要在屏幕上显示文字的话，可以用 display.newText() 来达成目的。display.newText() 包含五个参数，第一个是要显示的文字；第二个是文字的 x 坐标；第三个是文字的 y 坐标；第四个是文字的字型；第五个是文字的大小。根据这样的设定，在第 33 行，产生一个只有两个引号，中间没有实质内容的文字，把这个文字放在 x 坐标为 160、y 坐标为 10 的地方。字型设定是用系统提供的粗体字、字号设定为 20。

接着在 34 行设定字的颜色为黑色；然后在 35 ～ 37 行，定义一个 showTime 的函数。showTime 函数做的事情，就如第 36 行所示，把文字的内容，改成 os.date() 函数回传的值，也就是目前的时间。

最后，也是最重要的程序代码，第 38 行，设定每一秒执行一次 showTime，并在次数上面设成 0，也就是无限次地每隔一秒执行 showTime 函数。

因为这样的程序代码，所以看到屏幕上面出现现在的时间。如上图，每过一秒钟就执行一次 showTime 函数，让显示时间的文字改变成目前的时间。做完让物体移动之后，接下来要介绍的，是各种操作手势的判断。

6-2 手势判断

手机上各种手势可以让玩游戏的玩家和游戏各个元素互动。每当玩家碰到屏幕的时候，对于程序来说，都是一次触碰的事件。判断各种手势也就是判断各种触控事件的情况，而对每种不同的情况，提出不同的响应动作。以下先从触控整个屏幕的情况开始介绍。

（1）触控整个屏幕

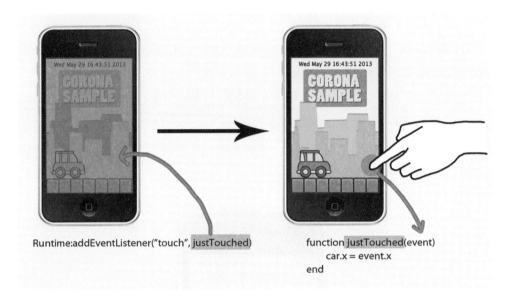

```
Runtime:addEventListener("touch", justTouched)
```

```
function justTouched(event)
    car.x = event.x
end
```

　　触控屏幕对于程序来说是一个事件。要监测这个触控事件的话，就要对整个屏幕 注册一个事件监听器（addEventListener），告诉整个程序如果有触控事件发生的话，要做什么样的处理。之后触控屏幕之后，就会触发相关事件。以下面的范例，来解释触控整个屏幕的情况。

【实训时间】触控整个屏幕的监测

step 01 请在刚才程序的最后面空一格后，写入下面的程序代码：

```
39
40  local justTouchScreen = function(event)
41      if event.phase == "began" then
42          car.xScale = 2
43          car.yScale = 2
44      end
45      if event.phase == "ended" then
46          transition.to(car,{time=500,x=event.x,y=event.y,xScale=1,yScale=1})
47      end
48  end
49  Runtime:addEventListener("touch", justTouchScreen)
```

step 02 保存后，选择"Relaunch Simulator"选项，重新执行程序。

【我们写出了什么样的程序代码】

请先看第 49 行的程序代码。在整个程序运行的 Runtime 中加入一个事件监听 器。Runtime:addEventListener() 需要两个参数：第一个参数就是要监听什么，在范例里，要监测对整个屏幕、整个 Runtime 的触控事件（touch)；第二个参数是如果触控产生后，要做什么反应，此范例是设定触控之后，要执行 justTouchScreen 函数。

程序代码 40 ~ 48 行，定义 justTouchScreen 函数。只要用户触碰到屏幕，就会 执行函数里面的内容。

触发触控事件的时候，会将触控事件相关的数值，都记录在 event 这个表格 (table) 里面，带入 justTouchScreen 这个函数执行。其中 event 里面，存入触控的 x 坐标、触控的 y 坐标、触控的时间与触控的状态(phase) 等数据。

程序代码第 41 ~ 44 行，如果开始触控屏幕的任何地方，触控的状态是 began 的话，就把车子放大 2 倍；而程序代码 45 ~ 48 行则是，如果触控状态结束，要把车子的位置在 0.5 秒内移到触控那点的 x 坐标与 y 坐标，并且把车子缩小 回原来的大小。这样我们就会看到如图放大的车子以及随之而来的移动。

所以从这个范例程序代码了解，在监测整个屏幕的触控情况时，要用 Runtime: addEventListener() 来注册触控事件的监听器，定义相关的处理方法决定触控之 后要做的事情。

【实训时间】监测整个屏幕手指滑动的方向

step 01 删除刚刚 41 ~ 47 行程序代码，也就是把 justTouchScreen 函数里的内容删除，换成下面的内容。

```
40  local justTouchScreen = function(event)
41      if event.phase == "ended" then
42          if event.xStart < event.x and (event.x - event.xStart)>=30 then
43              print("swipe right")
44              car.x = car.x+10
45              return true
46          elseif event.xStart > event.x and (event.xStart - event.x)>=30 then
47              print("swipe left")
48              car.x = car.x-10
49              return true
50          end
51
52          if event.yStart < event.y and (event.y - event.yStart)>=30 then
53              print("swipe down")
54              car.y = car.y+10
55              return true
56          elseif event.yStart > event.y and (event.yStart - event.y)>=30 then
57              print("swipe up ")
58              car.y = car.y-10
59              return true
60          end
61      end
62  end
```

step 02 保存后，选择"Relaunch Simulator"选项，重新执行程序。

【我们写出了什么样的程序代码】

在这个范例程序代码中，还是一样，在最后注册一个对于整个程序 Runtime 的触控事件监听器。每次触控的时候，就会执行 justTouchScreen 里面的程序代码。其中 41 行程序代码写到，如果触控结束的话，就执行 42 ~ 60 行的程序代码。程序代码 42 ~ 45 行设定，如果触控事件结束的 x 坐标大于触控开始的 x 坐标，而且大于 30 个像素以上的话，那就确定用户在屏幕上做了向右滑的动作。接着在 44 行设定到，如果做了向右滑的动作，就要通过指定运算符"="把右边的值 car. x+10 设定给等号左边的 car.x。最后以 return true 离开这个判断式。经由这样的设定，就会看到用户在屏幕上向右滑动之后，车子往右边移动 10 个像素。

确定往右滑动的情况 event.xStart <event.x 并且 (event.x − event.xStart) >= 30

类似的原理，经过 46 ~ 50 行程序代码设定之后，用户在屏幕上向左滑动之后，车子就往左边移动 10 个像素。程序代码 52 ~ 60 行则是判断上下滑动的动作。经 由这样的程序代码，就可以判断使用者操作的手势。游戏开发的过程，判断手势是 很重要的技巧。

（2）控制单个物件

Runtime:addEventListener("touch", justTouched)
帮整个程序、整个屏幕加入触控监听器

car:addEventListener("touch",car)
帮单个车子加入触控监听器

介绍完监测触碰整个屏幕及整个程序的方法，现在要介绍的是触控单个物件处理。如上图，除了以整个屏幕为对象以外，也可以直接在车子这个图片上注册触控监听器。这样设定的话，只有碰到图片的范围才会触发相关的事件。以下，还是通过程序代码来说明。

【实训时间】触控单个物件的侦测

```
39
40  local justTouchCar = function(event)
41      if event.phase =="began" then
42          car.xScale = 1.5
43          car.yScale = 1.5
44      end
45      if event.phase == "ended" then
46          car.xScale = 1
47          car.yScale = 1
48      end
49  end
50  car:addEventListener("touch", justTouchCar)
```

```
39
40  function car:touch(event)
41      if event.phase =="began" then
42          self.xScale = 1.5
43          self.yScale = 1.5
44      end
45      if event.phase == "ended" then
46          self.xScale = 1
47          self.yScale = 1
48      end
49  end
50  car:addEventListener("touch", car)
```

step 01 删除刚刚 39 行以后的程序代码，换成上图左边的内容。

step 02 保存后，选择 "Relaunch Simulator" 选项，重新执行程序。

【我们写出了什么样的程序代码】

这个程序与先前加在整个萤及整个 Runtime 不同，在程序代码的 50 行，通过 car:add EventListener()，把触控监听器直接加在车子 car 上面。这个函数接受两个参数：第一个是要接受的事件，由于要注册触控的事件，于是填上 "touch"；第二个参数要填上触控事件发生后所要执行的程序代码，这边填入一 个函数的名字：justTouchCar，即发生触控事件之后，要执行 justTouchCar 函数里面的内容。于是刚接触，或是点到屏幕上的车子时，车子会放大 1.5 倍，手指离开屏幕的话，也就是 touch ended 的时候，汽车就恢复原来的大小。用这样的写法，就可以处理触控单个物件。

如图右边的程序代码所示，在单一图像上加入触控事件监听器还有不同的写法。 在 car:addEventListener() 的第二个参数，不是以函数当触控事件监听器，而是直接以一个表格对象，也就是这个 car 当作触控事件的监听器。car 虽然看起来是屏幕上的一个图，不过在程序上来说，它是由 display. newImage() 函数所建立的物件，是一个表格（table）。现在 car 这个表格里面，除了存 x 坐标、y 坐标等各种资料，在程序代码的 40 行，还用 function car:touch()，在 car 这个表格（table）里面，增加了一个新的键（key）、也就是 touch 函数，程序代码 41 ~ 48 行所做的事情和之前都一样，只不过因为触控的对象是自己（self），所以在放大的时候，可以直接写成 self. xScale=1.5，不用再把 car 这个变量带进函数里。

6-3 背景滚动条效果制作

在了解如何移动各种显示对象与各种手势的判断技巧之后，本章第三个重点，就是要做出滚动条游戏的效果。我们平常玩的冒险滚动条游戏是怎么做出来的呢？请看这部分的介绍。

（1）滚动条游戏的原理

如上图，滚动条游戏的原理就是两个背景图一起在移动。刚开始 city2 在屏幕的外面，等到后来一起往左移动，而 city2 移到屏幕的中间，city1 完全移出屏幕之后，也就是 x 轴位置在 −160 的时候，再把 city1 的 x 轴坐标设到 480 的地方，这样就完成滚动条游戏好像有无限的背景在后面移动的假象。接下来，继续通过程序代码来解释这样的原理。

【实训时间】重新安排对象

step 01　删除 RunningCar 文件夹里 main.lua 文件第 10 行以后的程序代码，换成下面的内容。

```
10
11  local city2 = display.newImageRect( "City1.png", 320, 325 )
12  city2.x = 480
13  city2.y = 317
```

step 02　保存后，选择"Relaunch Simulator"选项，重新执行程序。

【我们写出了什么样的程序代码】

删掉之前的程序代码后，在背景上面贴了两张同样的图，一个命名为 city1，一个命名为 city2。如图，我们目前在画面上看到的是 city1。画面外面还有一张一模一样的图，命名为 city2。放好了这两张图之后，接下来要让这两张图开始移动。

（2）让图动起来：加入影格的事件监听器

之前在整个程序，整个 Runtime 加入触控的事件监听器。除了触控事件外，还可以在整个 Runtime 加入影格的事件监听器。加入这样的事件监听器，程序在执行的时候，每秒换 30 ～ 60 次的影格，每换一个影格的时候，就会执行相关的程序代码。利用这样的机制，可以让上面的 city1 和 city2 两张图动起来。以下请继续写入程序代码。

【实训时间】加入影格事件监听器，让图动起来

`step 01` 在 city2.y = 351 这行程序代码下面空一格，再写入下面的程序代码。

```
14
15  city1.speed = 2
16  city2.speed = 2
17
18  function scrollMyCity(self,event)
19          self.x = self.x - self.speed
20          if self.x==-160 then
21                  self.x = 480
22          end
23  end
24
25  city1.enterFrame = scrollMyCity
26  Runtime:addEventListener("enterFrame", city1)
27  city2.enterFrame = scrollMyCity
28  Runtime:addEventListener("enterFrame", city2)
```

step 02 保存后，选择"Relaunch Simulator"选项，重新执行程序。

【我们写出了什么样的程序代码】

先在程序代码的 15、16 行，为 city1 和 city2 新增一个变量，把这个变量命名 成 speed，并把 speed 设成 2。程序代码的 26 行和 28 行，在 Runtime 上加了影 格的事件监听器。Corona SDK 程序执行时，每秒会更换 30 ~ 60 个影格。 加上影格事件监听器的话，每更换一次影格，就会执行 city1 和 city2 里面的 enterFrame。

之前有提到，加入触控事件监听器有两种不同的写法。在 addEventListener() 的第二个参数，可能不是以函数当成事件监听器，而是直接以一个表格对象，也就是这个 city1 和 city2 当作触控事件的监听器。city1 和 city2 虽然看起来是屏幕上的一个图，不过在程序上来说，也是由 display. newImage() 函数所建立的对象，是一个表格（table）。

所以可以把程序代码写成 Runtime:addEventListener("enterFram e",city1) 来为整个程序加入影格事件监听器。每次更换影格就会到 city1 执行进入影格的相关处理函数。而在第 25 行和第 27 行，设定 city1 和 city2 的 enterFrame 是 scrollMyCity 函数。所以每次更换影格的时候，会执行 19 ~ 22 行的程序代码。每次更新影格，根据 19 行，都会把指定运算符号右边的 city1 或 city2 的 x 坐标，减掉 city1 或 city2 的 speed，也就是 2。把运算过后的结果，设定成为左 边 city1 或 city2 新的 x 坐标。经由这样的设定，每次更换影格的时候，图会往左边移动 2 个像素。

最后于程序代码 20 ~ 22 行判断，如果 city1 或 city2 的 x 坐标到了 −160 的话，就把 city1 或 city2 移回右边 x 坐标 480、屏幕外的地方。利用这样的设计，就完成滚动条游戏无限移动背景的效果。

【实训时间】加入更多的会动的图片

step 01 打开 main.lua。在写好的程序代码下面空一格，继续写入下面的程序代码。

```
29
30  local city3 = display.newImageRect( "City2.png", 320, 258 )
31  city3.x = 160
32  city3.y = 351
33
34  local city4 = display.newImageRect( "City2.png", 320, 258 )
35  city4.x = 480
36  city4.y = 351
37
38  local road1 = display.newImageRect( "Road.png", 320, 52 )
39  road1.x = 160
40  road1.y = 454
41
42  local road2 = display.newImageRect( "Road.png", 320, 52 )
43  road2.x = 480
44  road2.y = 454
45
46  city3.speed = 4
47  city4.speed = 4
48  road1.speed = 5
49  road2.speed = 5
50
51  city3.enterFrame = scrollMyCity
52  Runtime:addEventListener("enterFrame", city3)
53  city4.enterFrame = scrollMyCity
54  Runtime:addEventListener("enterFrame", city4)
55  road1.enterFrame = scrollMyCity
56  Runtime:addEventListener("enterFrame", road1)
57  road2.enterFrame = scrollMyCity
58  Runtime:addEventListener("enterFrame", road2)
```

step 02 保存后，选择 "Relaunch Simulator" 选项，重新执行程序。

【我们写出了什么样的程序代码】

利用和 city1 与 city2 相同的原理，在程序代码里加入橘色的 city3、city4，与陆地 road1 和 road2 之后，让他们借由在 Runtime 加入影格事件监听器而动起来。这边要注意的是，把 city3 和 city4 的 speed 设成 4、road1 和 road2 的 speed 设成 5。让 city3 和 city4 动得比 city1 和 city2 快，而 road1 和 road2 动得又比 city3 和 city4 快。这样设定所产生的画面，会营造远的对象跑得慢，近的物件跑得快的感觉，也刚好符合我们日常的经验。以上介绍背景滚动条效果的制作方法。

6-4 动画播放

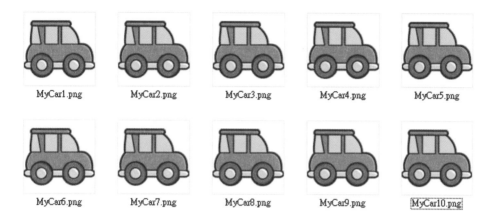

| MyCar1.png | MyCar2.png | MyCar3.png | MyCar4.png | MyCar5.png |

| MyCar6.png | MyCar7.png | MyCar8.png | MyCar9.png | MyCar10.png |

让背景动起来之后，接着来看看怎么让车子也动起来。在 Corona SDK 里面，要播放一连串的动画，可以使用 movieclip.lua 这个链接库。接下来，就利用这 个功能，来播放上图 MyCar1 ~ MyCar10，制作会动的汽车。

movieclip.lua

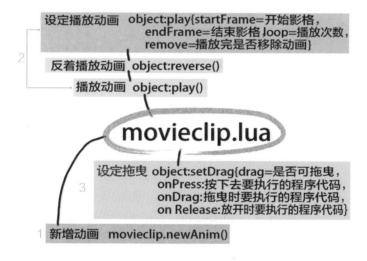

在 Corona SDK 中，要制作动画，需要引入 movieclip.lua 文件。主要的功能如下所述。

(1) 新增动画

使用 movieclip.newAnim() 可以新增动画片段。把所有用来做动画的图片放到这个函数里面，就可以产生新的动画片段。

(2) 播放动画

使用 play() 这个函数，播放动画。使用 reverse() 反过来播放动画。使用 stop() 停止播放动画。另外还可以设定播放起始的影格、结束影格、要播放的次数，与播放完动画是否要把动画片段移除等设定。

（3）设定拖曳

使用 setDrag 的设定，可以在屏幕中拖曳动画，并可以设定按到动画、拖曳动画，与放开动画时所要执行的程序代码。

以下就继续用程序代码把车子的动画放进屏幕中。

【实训时间】放入汽车动画

step 01 还是打开 main.lua。在写好的程序代码下面空一格，继续写入下面的程序代码。

```
59
60   local movieclip = require("movieclip")
61   local car
62   car = movieclip.newAnim({"MyCar1.png","MyCar2.png","MyCar3.png",
63                            "MyCar4.png","MyCar5.png","MyCar6.png",
64                            "MyCar7.png","MyCar8.png","MyCar9.png","MyCar10.png"})
65   car:setSpeed(.4)
66   car:setDrag{drag=true}
67   car:play()
68   car.x = 83
69   car.y = 379
```

step 02 保存后，选择"Relaunch Simulator"选项，重新执行程序。

【我们写出了什么样的程序代码】

如右图，顺利播放车子的动画。在使用 movieclip.lua 之前，先要引进这个程序库。在程序代码的 60 行，用 require（"movieclip"）这个程序代码，把整个链接库引入。接着在程序代码第 62 行，用之前介绍的 movieclip.newAnim() 函数，把所有要做动画的图片当成参数代入进去，并新增动画。把这个动画存在程序代码 61 行宣告的 car 变量里。在第 65 行程序代码中，用 setSpeed() 设定动画的播放速度，程序代码第 66 行设定玩家可以拖曳汽车，程序代码第 67 行开始播放动画，并在 68 ~ 69 行设定这个动画的 x 坐标和 y 坐标。

注意：

　　如果要播放一连串图片的动画，请在制作的时候注意每张图片大小都要一样。如同汽车奔跑 这个范例一样，每张汽车图片的大小都保持一样。这样才能顺利地播出动画。

6-5 简单场景制作——游戏菜单

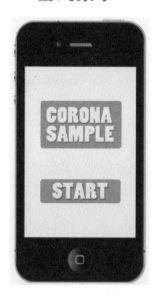

　　最后要制作一个简单的游戏开始菜单。通常游戏一开始不会直接进入游戏的界面，而是进入一个游戏菜单。我们要利用上一章介绍的显示群组，制作这样的游戏菜单。并用"函数内包含另一个函数"的做法，来制作不停放大缩小的按钮。

（1）制作屏幕菜单

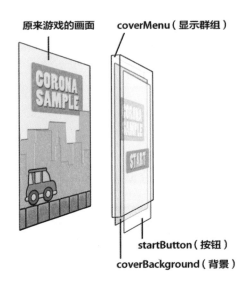

原来游戏的画面　　coverMenu（显示群组）

startButton（按钮）

coverBackground（背景）

　　如上图，我们想要在本来的游戏画面上加上菜单。原理是在原来的游戏画面上加上一个显示群组，再把菜单背景与菜单按钮加入群组中。把菜单背景和菜单按钮合成一个群组的话，可以同时在移动显示群组时，同时移动菜单背景和菜单按钮这两个对象。以下就以程序代码来示范如何加入简单的屏幕菜单。

【实训时间】加上菜单

step 01 接着在写好的程序代码下面空一格，继续写入下面的程序代码。

```
70
71   local coverMenu = display.newGroup()
72
73   local coverBackground = display.newImageRect("CoverBackground.png",320,480)
74   coverBackground.x = 160
75   coverBackground.y = 240
76   coverMenu:insert(coverBackground)
77
78   local ui = require("ui")
79   local onStartTouch =function(event)
80        if event.phase =="release" then
81             transition.to(coverMenu,{time=300,y=-480})
82        end
83   end
84   local startBtn = ui.newButton{
85        defaultSrc = "CoverButton.png",
86        defaultX=232,
87        defaultY=68,
88        overSrc = "CoverButtonPressed.png",
89        overX=232,
90        overY=68,
91        onEvent = onStartTouch,
92   }
93   startBtn.x = 160
94   startBtn.y = 350
95   coverMenu:insert(startBtn)
```

step 02 保存后，选择"Relaunch Simulator"选项，重新执行程序。

【我们写出了什么样的程序代码】

在程序代码 71 行，先产生出一个显示群组（displayGroup），把这个显示群组，存在 coverMenu 这个变量里面。接下来 73 ~ 76 行制作菜单背景，把菜单背景加入 coverMenu 这个显示群组中；程序代码 78 ~ 95 行则是像制作快乐木琴的方式一样，先引入 ui.lua，接着制作按钮，并且在程序代码的最后一行，把 startBtn 按钮加入到 coverMenu 显示群组中。程序代码 79 ~ 83 行，如果按下按钮，要把包含菜单背景和按钮的 coverMenu 向上移到屏幕外，移到 y 坐标为 -480 的地方。所以当执行程序按下按钮之后，就可以看到菜单整个往上移动，并开始进入游戏的页面。这样加入游戏菜单后，做出来的画面，越来越像外面看到的游戏了。

（2）不停放大缩小的按钮

奔跑汽车范例的最后，要示范如何做出不停放大缩小的按钮。这是一般游戏常会看到的画面，其实是通过函数中的函数做出来的效果。下面继续用程序代码来示范如何制作出这样的特效。

【实训时间】让按钮不停地放大缩小

step 01 接着于程序代码下面空一格，继续写入下面的程序代码。

```
96
97  local function startBtnScaleUp()
98      local startBtnScaleDown = function()
99          transition.to(startBtn,{time=150,xScale=1,yScale=1,onComplete= startBtnScaleUp})
100     end
101     transition.to(startBtn,{time=150,xScale=1.06,yScale=1.06,onComplete= startBtnScaleDown})
102 end
103 startBtnScaleUp()
```

step 02 保存后，选择"Relaunch Simulator"选项，重新执行程序。

【我们写出了什么样的程序代码】

函数里有函数的写法很特别，先在程序代码的 97 ~ 102 定义 startBtnScaleUp 的函数。这时候还不会执行。直到程序代码的 103 行后开始执行 startBtnScaleUp 函数里面的内容。第一次执行的时候，看到函数内的 startBtnScaleDown 函数并不会执行其中的内容，而是先执行程序代码 101 行把 startBtn 按钮放大之后，再回去执行 startBtnScaleDown 函数缩小按钮。由于程序代码 99 行设定缩回原来大小后，要执行 startBtnScaleUp 函数，所以从这时候按键开始不停地放大缩小，进入一个循环状态。

学到了什么

在上一章学会贴图后，本章继续学到和移动图片相关的知识。现在来复习一下，在本章里我们学到：

1. 如何移动图像

用 transition.to() 函数可以移动图形，并且对显示对象做各种的变形。

2. 设定过一段时间执行程序代码的方法

用 timer.performWithDelay() 函数设定过一段时间执行某段程序代码。除了一般的使用方法以外，还可以利用这个函数，做出类似时钟的效果。

3. 如何判断手势

为整个程序 Runtime 或是单个图片注册监听器（addEventListener）。触控事件触发时，根据不同的情况判断触控及各种手势。

4. 背景滚动条效果制作

要做出无限背景的效果，动用两张图就够了。运用影格的事件监听器移动图片。当一张背景图完全移出屏幕外时，再重新设定图片的位置。

5. 如何使用 movieclip.lua 链接库

播放一连串动画图片要使用 movieclip.lua 链接库。使用前先引入 require ("movieclip")。接着用 movieclip.newAnim() 函数新增动画片段，用 play() 函数播放动画，还有用 setDrag 设定拖曳等程序代码。

6. 如何制作简单场景

利用显示群组（sidplayGroup）可以制作简单的场景。这样的方法不仅可以用在开始游戏前的菜单，还可以制作出游戏结束等画面。

7. 如何做出不停放大又缩小的按钮

利用"函数中的函数"可以做出不停放大又缩小的按钮。不仅是按钮，也可以做出不停左右摇晃的图片以及任何不停移动的效果。

以上用奔跑的汽车这个范例介绍如何移动各种显示对象。相关重要的程序代码，在范例文件里面的 cookbook.lua 文件都有记录。在写自己的程序时，可以打开 cookbook.lua 文件参考，搜索要用的程序代码，做出各种移动的显示对象效果吧！

Chapter 7
育儿救星

灵活运用前几章介绍的内容，其实已经可以写出不少的游戏了。本章将通过一个完整的范例来复习之前学过的知识，让大家了解怎么把之前片段的技巧，整合成一个完整的作品。除此以外，也要介绍 Corona SDK 里简单好用的物理引擎与如何支持 iPhone5。

在本章里，你可以学到：

1. 程序写作的架构安排
2. 如何支持 iPhone5
3. 物理引擎及碰撞侦测

做完这个程序，大家会更懂整个游戏的开发流程。加上物理引擎的帮助，就可以做出更多有趣好玩的 App 了。

安抚吵闹小孩的秘密武器：育儿救星

这个章节要做的程序，在 Google Play Store 和苹果的 App Store 都可以找到，是一款免费的程序，欢迎大家下载。下载链接于下：

iPhone：https://itunes.apple.com/app/id606712870&mt=8

Android：https://play.google.com/store/apps/details?id=com.appsgaga .education.taptapfun

安放界面

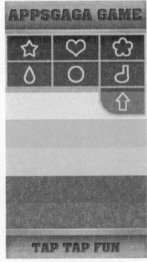

菜单按钮调整
rightNowImage

按下屏幕执行
makeMeSomething
根据 rightNowImage
做出不同特效

先从界面来看，程序的右上方有一个按钮。按下去之后，会跳出菜单。菜单上有六个图形可以选择。选择任何一个图形之后，菜单会往上收回。之后按到屏幕的触控范围，会依据所选的图形跳出不同的对应图形，按到星星会跳出星星的图形，按到心形会跳出心形……以此类推。

制作的方法，就是在摆放好界面之后，声明一个变量 rightNowImage 来储存跳出图形的选项。用户在菜单选到任何形状选项之后，就用变量 rightNowImage 记起来。然后在整个屏幕上加入触控监听器，按下屏幕后，执行一个叫 makeSomething 的函数，rightNowImage 依据储存不同的图形，在屏幕上做出不同的特效。

7-1 分析程序：育儿救星是这样做出来的

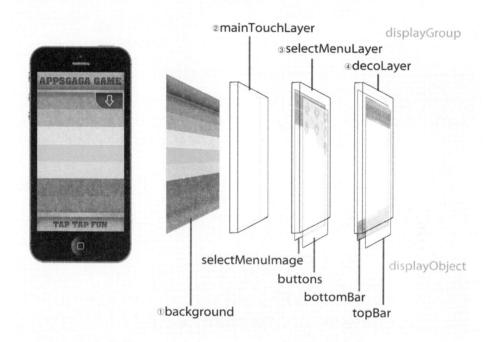

请看上图，育儿救星这个程序包含四个图层。分别是背景、主要触控图层、菜单图层与装饰图层。

① 背景（background）。这是一个单纯的显示图片，贴在最下层，彩色线条的图片，当作所有图层的背景。

② 主要触控图层（mainTouchLayer）。这个图层是一个显示群组。贴在背景上方。程序运行中，触控屏幕产生出来的各种图形，都贴在这个图层里。

③ 菜单图层（selectMenuLayer）。菜单图层是一个显示群组，贴在主要触控图层的上方。里面先贴了一张菜单背景图片（selectMenuImage），接下来贴上七个按键。按了箭头的按键，菜单图层整个往下移动，让用户选择各种图像。

④ 装饰图层（decoLayer）。程序的最上面贴的是装饰图层。装饰图层是一个显示群组，里面先贴入底下的装饰木头方块 bottomBar。如果是 iPhone5 的话，会在屏幕的上方，再加上装饰木头方块 topBar。

调整程序的架构

前几章介绍程序代码的时候，为注重功能的介绍，程序代码都是直接照着顺序写下来。在这个章节里，要强调写程序的架构。之前的经验告诉我们，程序代码的顺序很重要。在调用某段函数的程序代码前，一定要声明函数的名称，不然程序可能无法执行。

为了这样的理由，以后把程序照着下图的结构撰写：先引入函数库，再声明各种变量、各种函数名，接着定义一个叫做 main() 的函数，随之定义程序中其他的函数，最后调用 main() 函数，开始执行整个程序。这样安排的话，由于已经在程序一开始都声明变量或是函数的名字，就比较不会出错。另一方面，这样有次序的安排，对于我们自己也比较好整理。以下就照着这样的想法，把大概的程序代码写出来。

> 引入各种函数库
> 声明各种变量
> 声明定义主函数main()
> 声明定义其他函数
> 调用执行主函数main()

【实训时间】完成程序架构

step 01 请在桌面新增名为"TapTapFun"的文件夹，并新增一个 main.lua 的文件。

step 02 将本章范例档案"Ch7 sample"文件夹中，将"所需文件"的全部文件，拷贝进"TapTapFun"的文件夹中。

step 03 在 main.lua 文件里写进下面的程序代码：

```
 1  display.setStatusBar(display.HiddenStatusBar)
 2  local ui = require("ui")
 3  local physics = require "physics"
 4  physics.start()
 5
 6  local mainTouchLayer
 7  local selectMenu
 8  local decolayer
 9  local menuArrowBtn, bottomBar
10  local rightNowImage = 1
11  local isMenuDown = false
12  local isIPhone5 = false
13  local backgroundMusic = audio.loadStream("BackgroundMusic.mp3")
14  local starSound = audio.loadSound("Star.mp3")
15  local heartSound = audio.loadSound("Heart.mp3")
16  local flowerSound = audio.loadSound("Flower.mp3")
17  local rainSound1 = audio.loadSound("Rain1.mp3")
18  local rainSound2 = audio.loadSound("Rain2.mp3")
19  local circleSound = audio.loadSound("Circle.mp3")
20  local musicSound1 = audio.loadSound("Music1.mp3")
21  local musicSound2 = audio.loadSound("Music2.mp3")
22  local buttonPressed = audio.loadSound("ButtonPressed.mp3")
23  local drawBackground
24  local addSelectMenu
25  local addDecolayer
26  local moveMyMenu
27  local makeSomething
28  local checkOutIfItsIPhone5
29  local playBackgroundMusic,onCollision
30  local giveMeStar
31  local giveMeHeart
32  local giveMeFlower
33  local giveMeRain
34  local giveMeCircle
35  local giveMeMusic
36
37  local main = function()
38
39  end
40
41  --下面定义其他的函数
42
43  --上面定义其他的函数
44
45  main()
```

step 04 保存后，完成这个部分的实训程序代码。

【我们写出了什么样的程序代码】

在上面的程序代码里，照着刚介绍过的架构写出程序，第 1 行先移除状态栏，接下来 2 ~ 4 行把程序会用到的链接库引进到 main.lua 里面。第 2 行引入 ui.lua，这是之前在 CH3 提到为了制作按钮要引入的链接库。第 3 行引入的是 Corona SDK 的物理引擎，并且在第 4 行启动物理引擎。在本章结束以前，会再介绍物理引擎的相关知识。

引入链接库后，然后是声明一系列的变量，第 6 ~ 8 行程序代码声明的是 3 个显示群组 (displayGroup)。9 ~ 12 行声明 5 个变量，rightNowImage 之前说过是储存点击屏幕时会出现什么样的图，一开始把 rightNowImage 设成 1。变量 isMenuDown 要记录目录菜单的状态是否为放下，如果是放下的状态，isMenuDown 就是 true。不过程序刚开始执行时，菜单是收回的状态，所以在程序代码第 10 行，把 isMenuDown 设成 false。变量 isIPhone5 要记录现在执行程序的手机是否为 iPhone5，刚开始先把这个变量设为 false。

程序代码 13 ~ 22 行引入声音文件。如果是短音效，用 audio. loadSound() 来引入。如果是较长的背景音乐，就会用 audio.loadStream() 来引入。

程序代码 23 ~ 35 行则是本程序会出现的函数，先在程序一开始的地方声明这些变量。

程序代码 37 ~ 39 行是主函数 main()。在 41 ~ 43 行中定义其他函数后，于程序代码 45 行呼叫 main()，开始执行程序。

由于目前只是声明各种变量，主函数里面并没有程序代码，所以用 Corona 仿真器执行的时候会看到黑黑的一片，什么都没有。先有这样的架构后，接下来再来加入各种元素吧！

首先要加入背景，继续加入各个显示群组。由于"育儿救星"也支援 iPhone5，所以在贴背景之前，先来看看在 Corona SDK 里，怎么支持 iPhone5。

7-2 如何支持 iPhone5

实际读入的图片文件及大小

Background.png
(320x480px)

Background@2x.png
(640x960px)

BackgroundiPhone5.png
(640x1136px)

程序里的大小

iPhone3Gs
(320x480pts)

iPhone 4
(320x480pts)

iPhone 5
(320x568pts)

（1）像素单位和点单位的区别

要支持 iPhone5 的话，首先要在设定 config.lua 的程序代码，接着要在 main.lua 的程序代码中做后续的判断。现在就先来看看 config.lua 设定的部分。

在 CH5 曾提到，在 config.lua 做设定后，可以在同一个程序代码下，让 iPhone3Gs 和 iPhone4 读到不同大小的图文件。如果屏幕缩放到达 1.8 倍以上，Corona SDK 就会读文件名最后有 @2x 的图文件。

这里叙述的状况如上图，iPhone3Gs 实际读到的文件大小是 320×480 像素，iPhone4 实际读到的图文件大小为 640×960 像素。为了写程序方便，不会因为 iPhone3 或 iPhone4 而在程序里设定不同的图文件数值。于是在程序里，用"点（point)"作为计算长度的单位。写程序代码的时候，iPhone3Gs 和 iPhone4 屏幕的长度都是 480 点单位（points）、宽度都是 320 点单位。这样的程序处理很方便，都是写同一个程序代码，等到要读图文件的时候，再依不同的屏幕大小读入不同大小的图形。

程序里用点（point) 来计算宽度和长度，在 config.lua 里面设定屏幕的大小。之前不管是 iPhone3Gs 或是 iPhone4，在 config.lua 里面设定屏幕的宽度都是 320 点单位，高度是 480 点单位，再依不同的缩放比例读入不同的图。如果是 iPhone5 的话，本来实际大小为 640×1136 像素的手机，为了配合屏幕缩放，就要在设定屏幕宽度时，把程序里面看到的宽度设成 320 点单位，而设定屏幕高度的时候，把程序里看到的屏幕高度设成 567 点单位。以下，通过程序代码来看看程序如何支持 iPhone5。

（2）config.lua 的设定

```
1  local thisDeviceHeight = 480
2  if(system.getInfo("model") == "iPhone") or (system.getInfo("model") == "iPod touch") then
3      local isIPhone5 = (display.pixelHeight >960)
4      if isIPhone5 then
5          thisDeviceHeight = 568
6      end
7  end
8
9  application =
10 {
11     content =
12     {
13         width = 320,
14         height = thisDeviceHeight,
15         scale = "zoomStretch",
16         fps = 30,
17         antialias = true,
18         imageSuffix =
19         {
20             ["@2x"] = 1.8,
21         },
22     },
23 }
```

打开本章范例 config.lua，可以看到如上图的程序代码。在第一行声明并定义变量 thisDeviceHeight 等于 480。程序代码 2～7 行通过 system. getInfo("model") 函数来判断，如果执行本程序的装置是 iPhone 或是 iPod，且屏幕实际高度超过 960 像素的话，那执行程序的手机就是 iPhone5 或是 iPod 第五代的机型。如果是这样较长型的机种，就把 thisDeviceHeight 设成 568 点单位。通过这样的设定，程序里屏幕的大小就确定了。如果是 iPhone3 或是 iPhone4，程序里屏幕的高度是 480；如果是 iPhone5 的话，程序里屏幕的高度则是 568 点单位。在这个范例里，config.lua 是从所需文件的文件夹里拷贝进来的。如果日后读者自己写程序的话，请参考范例的写法设定，存成 config.lua。

（3）main.lua 的设定

设定 config.lua 之后，在 main.lua 里面，要依照不同的机型放上不同的图片。通过实训的程序代码，来解释如何在 main.lua 里做各种不同的判断与响应。

【实训时间】在屏幕上贴上背景

step 01 用文本编辑器打开 main.lua 文件，如下图，在 "下面定义其他函数" 的批注下面，定义 checkOutIfItsIPhone5 函数。

```
37   local main = function()
38       checkOutIfItsIPhone5()
39   end
40
41   --下面定义其他的函数
42   checkOutIfItsIPhone5 = function()
43       if display.contentScaleX ==0.5
44           and display.contentScaleY == 0.5
45           and display.contentWidth == 320
46           and display.contentHeight == 568 then
47           isIPhone5 = true
48       end
49   end
50   --上面定义其他的函数
```

step 02 如上图 37～39 行，在 main 函数里面加上程序代码，调用 checkOutIfItsIPhone5 函数。

step 03 如下图，在 checkOutIfItsIPhone5 函数后面，在 "上面定义其他函式" 的批注上面，定义 drawBackground 函数。

```
50
51  drawBackground = function()
52      if isIPhone5 then
53          local background = display.newImageRect("BackgroundiPhone5.png",320,568)
54          background.x = 160
55          background.y = 284
56      else
57          local background = display.newImageRect("Background.png",320,480)
58          background.x = 160
59          background.y = 240
60      end
61  end
62  ─上面定义其他的函数
```

step 04 如图，在 main 函数里面，呼叫 checkOutIfItsIPhone5 函数下面加上程序代码，调用 drawBackground 函数。

```
37  local main = function()
38      checkOutIfItsIPhone5()
39      drawBackground()
40  end
```

step 05 保存后，用 Corona 仿真器执行程序。

【我们写出了什么样的程序代码】

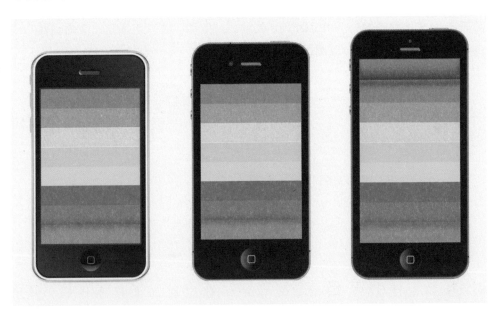

　　如图，我们顺利根据不同的机型在屏幕上放置背景图。怎么做到的呢？程序先在最后呼叫了 main() 函数，开始进入程序代码第 36 行执行 main() 函数里面的程序代码。也就是先执行 checkOutIfItsIPhone5 函数，判断执行的机种是不是 iPhone5。又调用 drawBackground 函数执行里面的程序代码，依据不同的装置，把不同的背景图放在屏幕上。

checkOutIfItsIPhone5 函数里，判断当屏幕缩放比例已经到一半，也就是 0.5，而屏幕的宽度为 320、高度为 568 的话，就认定这样的手机是 iPhone5，并把程序代码 11 行宣告的 isIPhone5 变数设成 true。当然，如果不符合上述条件，isIPhone5 就还是维持原来的值，也就是 false。

在 drawBackground 的函数里判断，如果是 iPhone5 的话，背景就要读 BackgroundiPhone5.png 这张图。如果不是 iPhone5 的话，背景就要读 Background.png 的图。根据 config.lua 的缩放设定，如果是 iPhone3 会读到 Background.png，而在 iPhone4，由于缩放比例超过 1.8 倍，所以背景会读到 Background@2x.png 的图。用这样的设计，我们就可以做出支持 iPhone3、iPhone4 与 iPhone5 等机型的背景图。

注意

这边请注意 drawBackground 这个函数里，local background，也就是背景图，是一个只存在于 drawBackground 函数里的变量。为什么会这样设计呢？因为在之后写程序的时候，都不会再用到，也都不会再调整背景，所以不像程序代码 34 行以前的变量一样，使用 local background 这个变量，此方法设计是写在 drawBackground 函数里。只有日后会用到，再做调整的变量，才会在程序的一开始声明。

7-3 界面制作

（1）加入菜单背景图片

背景顺利贴上后，接下来按照之前的分析，先加入主要触控图层，再加上菜单图层。而在菜单图层里，要先放置菜单背景图片，再放入 7 个菜单按钮。以下，用程序代码加入主要触控图层，再加上菜单图层，之后在菜单图层里，先放入菜单背景图片。

【实训时间】加入主要触控图层，再加上菜单图层与菜单背景图片

`step 01` 用文本编辑器打开 main.lua，在 drawBackground 函数 end 结束后面空一格，在"上面定义其他函数"的批注上面，定义 addSelectMenu。写入下面的程序代码：

```
64  addSelectMenu = function()
65      --init mainTouchLayer
66      mainTouchLayer = display.newGroup()
67
68      --init select menu
69      selectMenu = display.newGroup()
70
71      --place menu background
72      local selectMenuImage = display.newImageRect("Menu.png",320,185)
73      selectMenu:insert(selectMenuImage)
74
75      if isIPhone5 then
76          selectMenu.x = 160
77          selectMenu.y = 44
78      else
79          selectMenu.x = 160
80          selectMenu.y = -31.7
81      end
82  end
83  --上面定义其他的函数
```

`step 02` 如图，在 main（ ）函数中，在结束 end 前面加上 addSelectMenu()。

```
37  local main = function()
38      checkOutIfItsIPhone5()
39      drawBackground()
40      addSelectMenu()
41  end
```

`step 03` 保存后，选择"Relaunch Simulator"选项，重新执行程序。

【我们写出了什么样的程序代码】

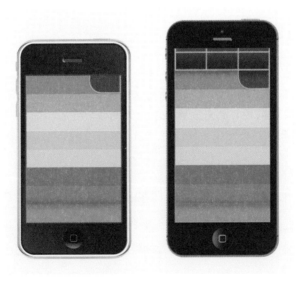

执行完程序后，可以看到像上面的结果。在 addSelectMenu 函数里

面，先用 display.newGroup() 函数产生一个显示群组，存进主要触控图层（mainTouchLayer）里面，再用同一个函数再产生一个显示群组，存进菜单图层（selectMenu）。程序写到这边，屏幕上已经有三层显示的图层：第一层是背景，第二层是主要触控图层，第三层则是菜单图层。

接下来，在菜单图层里放入菜单背景图片（selectMenuImage）。用 selectMenu:insert(selectMenuImage) 把菜单背景图片插入菜单图层里面。最后是调整整个菜单图层的位置。在 iPhone5 看起来，现在菜单图层不上不下在中间很奇怪，不过之后 iPhone5 的屏幕上面，会加一层上方装饰木头方块 topBar，所以整个程序完成之后，就不会奇怪了。

（2）让菜单动起来

放置好菜单背景图片之后，继续加入按钮在菜单上面。通过这个按钮，让菜单可以上下移动。怎么做呢？请看下面的程序代码实训。

【实训时间】加入箭头按钮，让菜单动起来

step 01 如图，在 addSelectMenu 这个函数里面，在之前写的程序代码之后，于 addSelectMenu 函数结束之刖，加上程序代码。

```
79      else
80          selectMenu.x = 160                      ──之前写好的
81          selectMenu.y = -31.7
82      end
83
84      --place menu arrow button
85      local onMenuArrowTouch = function(event)
86          if event.phase == "release" then
87              moveMyMenu()
88          end
89      end
90
91      menuArrowBtn = ui.newButton{
92          defaultSrc = "MenuArrow.png",
93          defaultX=35,
94          defaultY=42,
95          overSrc = "MenuArrow_Pressed.png",
96          overX=35,
97          overY=42,
98          onEvent = onMenuArrowTouch,
99      }
100     menuArrowBtn.x = 106
101     menuArrowBtn.y = 58
102     selectMenu:insert(menuArrowBtn)
103 end
```

step 02 如图，在 addSelectMenu 函数结束以后，在"上面定义其他函数"的注解上面，定义 moveMyMenu 函数，写入下面的程序代码。

```
104
105  moveMyMenu = function()
106      audio.play(buttonPressed)
107      if isIPhone5 then
108          if isMenuDown then
109              menuArrowBtn.rotation=0
110              transition.to(selectMenu,{time=800, y=44, transition = easing.outExpo,onComplete = function() isMenuDown = false end})
111          else
112              menuArrowBtn.rotation=180
113              transition.to(selectMenu,{time=800, y=164.5, transition = easing.outExpo,onComplete = function() isMenuDown = true end})
114          end
115      else
116          if isMenuDown then
117              menuArrowBtn.rotation=0
118              transition.to(selectMenu,{time=800, y=-31.7, transition = easing.outExpo,onComplete = function ()isMenuDown = false end})
119          else
120              menuArrowBtn.rotation=180
121              transition.to(selectMenu,{time=800, y=92.5, transition = easing.outExpo,onComplete = function() isMenuDown = true end})
122          end
123      end
124  end
125  --上面定义其他的函数
```

step 03 保存后，选择"Relaunch Simulator"选项，重新执行程序。

【我们写出了什么样的程序代码】

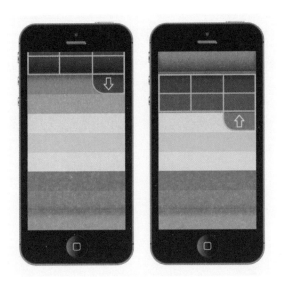

如上图，在原本的菜单上加上箭头形状的按钮，按下这个按钮之后，菜单会往下降，并且按钮会朝向上。再按一次按钮之后，菜单会回归原位，按钮会变成朝下的状态。这样的效果，我们是怎么做出来呢？

首先在 addSelectMenu 之后，在程序代码的 84 ~ 102 行，加上一个按钮 menuArrowBtn。这个按钮在第 9 行就做变量声明，一直到第 91 行才用 ui.newButton 这个函数产生出来，并在程序代码 87 行的地方，设定按下箭头按钮时，要调用 moveMyMenu() 函数，执行 moveMyMenu() 函数里的程序代码。

moveMyMenu() 函数定义在程序代码的 105 ~ 125 行。先在程序代码的 106 行，用 audio.play() 函数播放出按键的声音，然后以是不是 iPhone5 为基准，分成两个状况来处理。程序早在第 11 行的时候，声明 isMenuDown 来储存菜单的状态。由于程序开始执行时，菜单并没有降下来。所以一开始 isMenuDown 指定为 false。

当按下箭头按键，如果是用 iPhone5 来执行程序的话，会执行 moveMyMenu() 函数，在 107 行判断为 iPhone5，所以只执行 108 ~ 114 行的程序代码。由于一开始 isMenuDown 是 false，所以会执行 112 ~ 113 行程序代码。会先把按钮旋转 180 度，然后利用 113 行，把 selectMenu 在 0.8 秒的时间里面，从原本 y 坐标为 44 的地方，降到 y 坐标为 164.5 的地方。因为现在菜单已经移到下面了，所以在 113 行的最后，菜单移到下面的动作完成之后，把 isMenuDown 设成 true。

这时候，如果再按到箭头按钮的话，还是会执行 moveMyMenu。不过此时 isMenuDown 是 true，所以会执行 109 ~ 110 行的程序代码，把按钮旋转角度恢复到 0 度之后，把 selectMenu 整个显示群组恢复到原来 y 坐标为 44 的地方。并且因为菜单已经恢复到上面了，所以在 110 行的最后，把 isMenuDown 设成 false。

以相同的原理，我们写出 116 ~ 123 行来处理不是 iPhone5，而是 iPhone 3Gs 或是 iPhone4 的情况。就这样子，做出可以移动的菜单。

（3）加入星星按钮

加入箭头的按钮之后，接下来要加上 6 个类似的按钮。每个按钮都会将程序代码第 11 行的变量 rightNowImage 换成不同的数值。先用程序代码，加入第一个星星的按钮。

【实训时间】加入星星按钮

`step 01` 如图，在 addSelectMenu 这个函数里面，于之前程序代码 selectMenu: insert(menuArrowBtn) 之后，在 addSelectMenu 函数结束之前，加上程序代码。

```
102        selectMenu:insert(menuArrowBtn)
103
104        --place menu star button
105        local menuStarBtn
106        local onMenuStarTouch = function(event)
107            if event.phase == "release" then
108                rightNowImage = 1
109                moveMyMenu()
110            end
111        end
112
113        menuStarBtn = ui.newButton{
114            defaultSrc = "MenuStar.png",
115            defaultX=42,
116            defaultY=40,
117            overSrc = "MenuStar_Pressed.png",
118            overX=42,
119            overY=40,
120            onEvent = onMenuStarTouch,
121        }
122        menuStarBtn.x = -105
123        menuStarBtn.y = -60
124        selectMenu:insert(menuStarBtn)
125    end
```

step 02 保存后。选择"Relaunch Simulator"选项，重新执行程序。

【我们写出了什么样的程序代码】

新加上的程序代码，加入一颗星星的按钮。按下箭头按钮之后，可以看到星星按钮在屏幕的左上方。按下星星按钮之后，会执行 108 行和 109 行的程序。先把 rightNowImage 设成 1，然后再调用 moveMyMenu()，把菜单往上收回。

注意

在加入箭头和星星按钮的最后，都有把这两颗按钮分别以 selectMenu:insert() 函数加进 selectMenu 显示群组里面。加进群组里才和 selectMenu 菜单成为一个整体，在移动菜单的时候才会一起移动。在写程序的时候，不要忘了一起移动的图片，最后要加进群组中。

（4）加入其他五颗按钮

加了星星的按钮后，我们利用星星按钮把 rightNowImage 设成 1，并且把菜单向上收回。现在要在菜单上面再加上 5 个按钮，每个按钮都会把

rightNowImage 设成不同的数值。

【实训时间】加入选单上最后的五颗按钮

step 01 如图，在 addSelectMenu 这个函数里面，于之前写程序代码 select-Menu:insert(menuStarBtn) 之后，在 addSelectMenu 函数结束之前，加上程序代码。

```
124    selectMenu:insert(menuStarBtn)
125
126    --place menu heart button
127    local menuHeartBtn
128    local onMenuHeartTouch = function(event)
129        if event.phase == "release" then
130            rightNowImage = 2
131            moveMyMenu()
132        end
133    end
134
135    menuHeartBtn = ui.newButton{
136        defaultSrc = "MenuHeart.png",
137        defaultX=46,
138        defaultY=41,
139        overSrc = "MenuHeart_Pressed.png",
140        overX=46,
141        overY=41,
142        onEvent = onMenuHeartTouch,
143    }
144    menuHeartBtn.x = 0
145    menuHeartBtn.y = -60
146    selectMenu:insert(menuHeartBtn)
147
148    --place menu flower button
149    local menuFlowerBtn
150    local onMenuFlowerTouch = function(event)
151        if event.phase == "release" then
152            rightNowimage = 3
153            moveMyMenu()
154        end
155    end
156
157    menuFlowerBtn = ui.newButton{
158        defaultSrc = "MenuFlower.png",
159        defaultX=48,
160        defaultY=44,
161        overSrc = "MenuFlower_Pressed.png",
162        overX=48,
163        overY=44,
164        onEvent = onMenuFlowerTouch,
165    }
166    menuFlowerBtn.x = 106
167    menuFlowerBtn.y = -62
168    selectMenu:insert(menuFlowerBtn)
169
170    --place menu rain button
171    local menuRainBtn
172    local onMenuRainTouch = function(event)
173        if event.phase == "release" then
174            rightNowImage = 4
175            moveMyMenu()
176        end
177    end
178
179    menuRainBtn = ui.newButton{
180        defaultSrc = "MenuRain.png",
181        defaultX=27,
182        defaultY=41,
183        overSrc = "MenuRain_Pressed.png",
184        overX=27,
185        overY=41,
186        onEvent = onMenuRainTouch,
187    }
188    menuRainBtn.x = -105
189    menuRainBtn.y = -1
190    selectMenu:insert(menuRainBtn)
191
192    --place menu circle button
193    local menuCircleBtn
194    local onMenuCircleTouch = function(event)
195        if event.phase == "release" then
196            rightNowImage = 5
197            moveMyMenu()
198        end
199    end
200
201    menuCircleBtn = ui.newButton{
202        defaultSrc = "MenuCircle.png",
203        defaultX=38,
204        defaultY=39,
205        overSrc = "MenuCircle_Pressed.png",
206        overX=38,
207        overY=39,
208        onEvent = onMenuCircleTouch,
209    }
210    menuCircleBtn.x = 0
211    menuCircleBtn.y = -2
212    selectMenu:insert(menuCircleBtn)
213
214    --place menu music button
215    local menuMusicBtn
216    local onMenuMusicTouch = function(event)
217        if event.phase == "release" then
218            rightNowImage = 6
219            moveMyMenu()
220        end
221    end
222
223    menuMusicBtn = ui.newButton{
224        defaultSrc = "MenuMusic.png",
225        defaultX=35,
226        defaultY=42,
227        overSrc = "MenuMusic_Pressed.png",
228        overX=35,
229        overY=42,
230        onEvent = onMenuMusicTouch,
231    }
232    menuMusicBtn.x = 104
233    menuMusicBtn.y = -2
234    selectMenu:insert(menuMusicBtn)
235 end
```

step 02 保存后，选择 "Relaunch Simulator" 选项，重新执行程序。

【我们写出了什么样的程序代码】

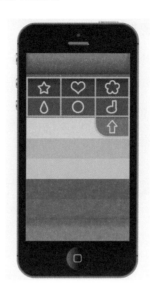

　　这里增加的程序代码虽然多，不过做的是类似的事情，127 ～ 146 行，加入心形的按钮，程序代码 130 行设定按到心形的话，把 rightNowImage 设成 2；149 ～ 168 行，加入花朵按钮，按到花朵按钮把 rightNowImage 设成 3；程序代码 171 ～ 190 行加入了雨滴按钮，174 行设定按到雨滴按钮把 rightNowImage 设定成 4；193 ～ 212 行加入圆形按钮，按到圆形按钮则把 rightNowImage 设成 5；程序代码 215 ～ 234 行里则是加入音符按钮，在 218 行设定按下音符按钮，把 rightNowImage 设成 6。

　　如上图，菜单的部分已经制作完成。

7-4 加上装饰图层（decoLayer）

　　照本章节刚开始的分析，我们已经依序把背景、主要触控图层与菜单图层加到屏幕上了，剩下来就是加上最后的装饰图层。以下通过实训来加入相关的程序代码。

【实训时间】加上装饰图层

`step 01` 用文本编辑器打开 main.lua，在 moveMyMenu 函数 end 结束后面空一格，在"上面定义其他函数"的批注上面，定义 addDecoLayer。写入下面的程序代码：

```
257
258   addDecolayer = function()
259       decolayer = display.newGroup()
260           bottomBar = display.newImageRect("ButtonBar.png",320,66)
261       if isIPhone5 then
262           bottomBar.x = 160
263           bottomBar.y = 568-33
264       else
265           bottomBar.x = 160
266           bottomBar.y = 480-33
267       end
268
269       decolayer:insert(bottomBar)
270
271       if isIPhone5 then
272           local topBar = display.newImageRect("TopBar.png",320,72)
273           topBar.x = 160
274           topBar.y = 72/2
275           decolayer:insert(topBar)
276       end
277   end
278   --上面定义其他的函数
```

step 02 如图，在 main（）函数中，于结束 end 前面加上 addDecolayer（）

```
37   local main = function()
38       checkOutIfItsIPhone5()
39       drawBackground()
40       addSelectMenu()
41       addDecolayer()
42   end
```

step 03 保存后，选择 "Relaunch Simulator" 选项，重新执行程序。

【我们写出了什么样的程序代码】

通过在 main() 函数里第 41 行呼叫 addDecolayer() 函数，执行 addDecolayer() 函数里面的程序代码。addDecoLayer 函数里面先新增一个显示群组，然后新增一个显示对象，也就是底下的装饰木头方块 bottomBar，并且随后依照不同的机种，把 bottomBar 放在适合的位置。最后，如果执行程序的手机是 iPhone5 的话，就添加一个上方装饰木头方块 topBar。写到这边，我们已经完全制作好这个程序的界面。

7-5 触控功能制作

制作好界面之后，程序已经完成了一大半。剩下的工作就是要让用户触控屏幕的时候，程序会依照 rightNowImage 的不同而出现不同的图案。要做 到这样的效果，首先要在整个屏幕上注册触控监听器。而触控的时候，依照 rightNowImage 的不同，而显示不同的图片。利用实训的程序代码，来加上这些 功能吧。

【实训时间】注册触控监听器与定义相对应的程序代码

step 01 如图，在 main() 函数中，结束 end 前面加上 addEventListener 的程序代码。

```
37  local main = function()
38      checkOutIfItsIPhone5()
39      drawBackground()
40      addSelectMenu()
41      addDecolayer()
42      Runtime:addEventListener("touch", makeSomething)
43  end
```

step 02 如图，在 addDecolayer 函数 end 结束后面空一格，于 "上面定义其他函数" 的批注上面，定义 makeSomething。写入下面的程序代码：

```
280
281  makeSomething = function(event)
282      if isMenuDown then
283          return
284      end
285      if isIPhone5 then
286          if event.y<72 then
287              return
288          end
289          if event.x>210 and event.y<132 then
290              return
291          end
292      else
293          if event.x>210 and event.y<60 then
294              return
295          end
296      end
297      if event.phase == "began" and mainTouchLayer.numChildren<11 then
298          if rightNowImage ==1 then
299              print("give me star")
300          elseif rightNowImage ==2 then
301              print("give me heart")
302          elseif rightNowImage ==3 then
303              print("give me flower")
304          elseif rightNowImage ==4 then
305              print("give me rain")
306          elseif rightNowImage ==5 then
307              print("give me circle")
308          elseif rightNowImage ==6 then
309              print("give me music")
310          end
311      end
312  end
313  --上面定义其他的函数
```

step 03 保存后，选择"Relaunch Simulator"选项，重新执行程序。

【 我们写出了什么样的程序代码 】

上面的实训里，先在 main() 函数里面加上触控事件监听器。于程序代码 42 行设定下，如果之后有用户按到屏幕的话，就会触动 makeSomething() 函数。makeSomething() 函数的前三行先判断菜单是否已经移回原位。如果移回原位，代表用户触控屏幕，即做出各种特效。反之，如果希望程序代码里写的菜单是放下来的状态的话，则表示使用者还在选择菜单的选项中，所以用 return 跳离 makeSomething() 这个函数。

程序代码 285 ~ 296 行是判断使用者是不是按到上方装饰木头方块 topBar 或是箭头按钮的范围。如果按到这些地方，就不会做出特效，而会用 return 跳出 makeSomething 函数。

最后 297 ~ 311 行的程序代码，处理的是用户想要通过点击屏幕按钮而做出特效的情况。如果 rightNowImage 是 1，也就是选到星星按钮的话，就先在终端机上印出"give me star"。如果 rightNowImage 是 2 的话，代表使用者选到心形按钮，这样终端机会印出"give me heart"。同理先印出"give me flower"、"give me rain"，"give me circle"，还有"give me music"。如图，由于之前选择的是星星按键，于是点击屏幕后，印出了"give me star"。

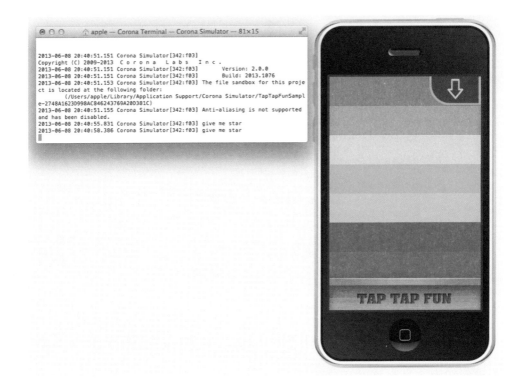

7-6 触控处理

（1）在屏幕上按出星星

写完上面的程序代码，如果所选的图案是星星的话，会在终端机上印出"give me star"。接着，继续通过程序代码，让屏幕也出现星星的图案。

【实训时间】给我星星

step 01 如图，在 makeSomething() 函数中，把 print("give me star") 这行程序代码，改成 giveMeStar(event.x,event.y)。

```
if rightNowImage ==1 then
    giveMeStar(event.x,event.y)
```

step 02 如图，在 makeSomething 函数 end 结束后面空一格于"上面定义其他函数"的批注上面，定义 giveMeStar 函数。写入下面的程序代码：

```
313
314  giveMeStar = function(xPosition,yPosition)
315      audio.play(starSound)
316      local star = display.newImageRect("Star.png",125,120)
317      star.x = xPosition
318      star.y = yPosition
319      transition.to (star,{time=2000, x= star.x+5, y = star.y+5,rotation = 1080, onComplete = function() star:removeSelf() end})
320      mainTouchLayer:insert(star)
321  end
322  一上面定义其他的函数
```

step 03 保存后，选择"Relaunch Simulator"选项，重新执行程序。

【我们写出了什么样的程序代码】

把 makeMeSomething 的程序代码改成 giveMeStar(event.x,event.y)，在 rightNowImage 是 1 的时候，就会执行 giveMeStar() 函数，并且把点击的坐标通过参数传到 giveMeStar() 中。

giveMeStar() 函数里，先播放一个特效声音 starSound，然后在程序代码 136 行 的地方，用 display.newImageRect() 函数，产生一个星星的图形。接着在 317 及 318 两行，把星星的位置设定在用户点击的坐标上。产生的效果，会是使用者点击屏幕，在点击的那点就产生出一颗星星。

只是产生星星未免太无聊了，于是程序代码的 319 行设定让星星在两秒的时间里，往右移动五个点单位，往下移动五个点单位，并让星星转 1080°，也就是转三圈。而在做完这些动作之后，用removeSelf()，让星星从画面上消失，释放使 用过的内存。最后把星星的图案加入到主要触控图层里面。

这样做的话，选了星星按钮之后，点击屏幕就会出现旋转的星星并且发出清脆的 特效音。

注意

刚加上的 giveMeStar 函数，其实早在程序代码第 30 行就声明了。程序代码 314 行开始，只是把声明的 giveMeStar 函数再做详细的定义。如果自己在写程序的时候，可以模仿范例，先把想要写的函数写出来，然后再把声明的部分拿到程序一开始处。按照本章介绍的次序整理整齐，写出来的程序代码会比较好理解，日后修改程序代码的时候，也比较好维护。

注意

上面要替换的程序代码是要代换 makeSomething() 中的程序代码；而 giveMeStar() 则是新加在 makeSomething() 外面的程序代码。请不要搞混了！

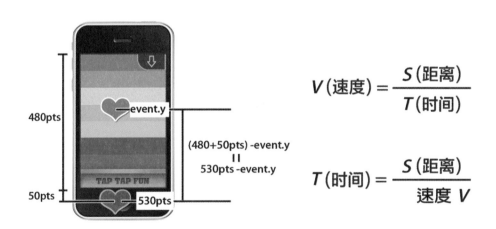

如上图，按到心形按键后，点击屏幕会出现垂直点往下掉的心形。不管点击屏幕在哪个高度的位置，最后的心形图案要掉到的 y 坐标位置，是屏幕的高度加上心形高度的一半。在程序里心形的高度是 93 个点单位，为了计算方便，我们把心形的高度看成 100。在这样的设定下，心形一半的高度就是 50 点单位，心形落 下位置为掉到 y 坐标位置，就是屏幕高度加上 50。而每次心形走的距离，就是屏幕高度加上 50，然后减掉触控的高度。

请看图右边的算式。我们知道速度是距离和时间相除的结果。由于接下来在这个范例里，希望每个心形落下的时候都是以同样的速度落下，所以落下的时间应该是落下的距离除上某个固定的速度值。接下来，就用程序代码来实现上面的想法。

【实训时间】给我心形

step 01 如图，在 makeSomething() 函数中，把 print("give me heart") 这行程序代码改成 giveMeHeart(event.x,event.y)。

```
300          elseif rightNowImage ==2 then
301              giveMeHeart(event.x,event.y)
```

step 02 如图，在 giveMeStar 函数 end 结束后面空一格，于"上面定义其他函数"的批注上面，定义 giveMeHeart 函数。写入下面的程序代码：

```
322
323  giveMeHeart = function(xPosition,yPosition)
324      audio.play(heartSound)
325      local velocity = 0.1
326      local heart = display.newImageRect("Heart.png",120,93)
327      heart.x = xPosition
328      heart.y = yPosition
329      if isIPhone5 then
330          transition.to (heart,{time=(618-yPosition)/velocity,y = 618, onComplete = function() heart:removeSelf() end})
331      else
332          transition.to (heart,{time=(530-yPosition)/velocity,y = 530, onComplete = function() heart:removeSelf() end})
333      end
334      mainTouchLayer:insert(heart)
335  end
336  --上面定義其他的函式
```

step 03 存盘后，选择"Relaunch Simulator"选项，重新执行程序。

【我们写出了什么样的程序代码】

如上图，先按菜单心形后，点击屏幕就会出现许多往下掉落的心形。我们是

怎么做到的呢？

首先把 makeSomething 的程序代码改成 giveMeHeart(event.x,event.y)，在 rightNowImage 是 2 的时候，就会执行 giveMeHeart() 函数，并且把点击的坐标通过参数传到 giveMeHeart() 中。

giveMeHeart() 函数里，先播放一个特效声音 heartSound，接下来声明定义心形掉落的速度变量 velocity 为 0.1。

在屏幕产生心形之后，让心形往下掉落。由于要等速度掉落，于是掉落的时间是掉落的距离除上等速度 0.1。掉落的距离在 iPhone3Gs 或是 iPhone4 的话，是（屏幕高度 +50）- 触控的 y 坐标，也就是 530-yPosition。把这样的距离除上固定的速度 velocity，就可以得到心形落下的时间，进而写成 332 行的程序代码。这行的意思是说，让心形图形以 530-yPosition/velocity 的时间，掉落到 530 的位置，掉落完之后，用 removeSelf() 函数把心形从屏幕上移除。最后再在程序代码的 334 行，把心形加到主要触控图层里面。这样设定的话，就可以在选到 心形按钮之后，点击屏幕时，出现等速度下降的心形。

同理，iPhone5 的下降时间就是屏幕高度 568，加上一半心形的约略高度 50，减掉触控的 y 坐标值后，除上等速度。于是可以把 iPhone5 心形的掉落情况，写成第 330 行的程序代码。

注意

也许读者注意到了，点击屏幕后出现的心形都会有阴影。这些阴影不是程序产生的，而是本来的图就带有阴影。写程序的过程中，要和美术人员充分地配合，可以让程序看起来更有层次、更有质感。

（2）产生放大的花朵

如上图，按到花朵按键后，点击屏幕会出现花朵。这样的花朵在屏幕上停留一下之后就会消失。接下来，我们看看怎么样用程序代码写出这样的效果。

`step 01` 如图，在 makeSomething() 函数中，把 print("give me flower") 这行程序代码，改成 giveMeFlower(event.x,event.y)。

```
elseif rightNowImage ==3 then
    giveMeFlower(event.x,event.y)
```

`step 02` 如图，在 giveMeHeart 函数 end 结束后面空一格，于"上面定义其他函数"的批注上面，定义 giveMeFlower 函数。写入下面的程序代码。

```
336
337  giveMeFlower = function(xPosition,yPosition)
338      audio.play(flowerSound)
339      local flower = display.newImageRect("Flower.png",134,136)
340      flower.x = xPosition
341      flower.y = yPosition
342      flower:scale(0.1,0.1)
343
344      function fadeMyFlower()
345          transition.to (flower,{time=500,xScale = 1.5, yScale = 1.5,alpha = 0,onComplete = function() flower:removeSelf() end})
346      end
347      transition.to (flower,{time=1500,xScale = 1, yScale = 1, transition = easing.outExpo,onComplete = fadeMyFlower})
348      mainTouchLayer:insert(flower)
349  end
350  --上面定义其他的函数
```

`step 03` 存盘后，选择"Relaunch Simulator"选项，重新执行程序。

【我们写出了什么样的程序代码】

程序代码写好后，现在按完菜单的花朵，点击屏幕就会出现花朵的形状。

因为把 makeSomething 原来的程序代码改成 giveMeFlower(event.

x,event.y），所以在 rightNowImage 是 3 的时候，就会执行 giveMeFlower() 函数，并且把点击的坐标通过参数传到 giveMeFlower() 中。

giveMeFlower() 函数中，先在程序代码 338 行那边播放一个特效声音 flower-Sound。接下来在程序代码 339 ~ 342 行产生花朵的形状，把花朵的大小调为原大小的 0.1 倍（调小）。程序代码 344 ~ 346 行的 fadeMyFlower() 函数定义后先不会执行，先执行的是 347 行，也就是在 0.5 秒的时间里面，把花朵放大成原来的大小。变回原来大小之后，才会回去执行 fadeMyFlower() 函数。完成这样的设定之后，把花朵这个显示对象放进主要触控图层之中。

依照程序的设定，完成程序代码 347 行的放大变化后，会回去执行 344 行开始的 fadeMyFlower 函数。在 fadeMyFlower 函数里，程序代码把花朵在 0.5 秒放大为 1.5 倍，并且让花朵慢慢变成透明。完成这样的动作后，在程序代码 345 行的最后，用 removeSelf() 函数，把图片从屏幕上移除。

注意

把触控到屏幕后产生出来的图形，全部放在主要触控图层（mainTouchLayer）里。在程序代码的 297 行写到，当主要触控图层里面的对象小于 11 的时候，才会产生新的图片。这样设定之下，屏幕上最多只会有 10 个显示图形同时存在。此可以避免程序因内存不足而死机，让程序运行起来更为稳定。

（3）产生水滴滴落溅出水花

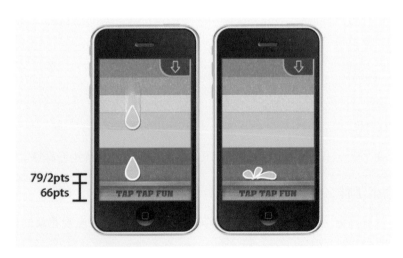

接下来想要做到的效果是按到水滴按键后，点击屏幕会出现等速下降的水滴。等到水滴滴到下方的装饰木头方块 bottomBar，就会溅起水花。这样的效果是怎么做的呢？前半段我们让水滴图形好像之前的心形图案以等速下降，等到水滴移动到木头方块上方半颗水滴的高度时，如上图，也就是离屏幕底下 66（木头方块 高度）加上 79/2（半颗水滴）高度的时候，屏幕上看到的画面，就会是水滴滴在木头上了。这时候，就把水滴的图案换成水花的图案，就可以做出我们想要的效果。现在就用程序代码，把这段程序呈现出来吧！

【实训时间】给我水滴

`step 01` 如图，在 makeSomething() 函数中，把 print("give me rain") 这行程序代码，改成 giveMeRain(event.x,event.y)。

```
elseif rightNowImage ==4 then
    giveMeRain(event.x,event.y)
```

`step 02` 如图，在 giveMeFlower 函数 end 结束后面空一格，于 "上面定义其他函数" 的批注上面，定义 giveMeRain 函数。写入下面的程序代码：

```
350
351  giveMeRain = function(xPosition,yPosition)
352      audio.play(rainSound1)
353      local rain = display.newImageRect("Rain1.png",123,79)
354      rain.x = xPosition
355      rain.y = yPosition
356
357      local splash = function ()
358          audio.play(rainSound2)
359          local rainSplash = display.newImageRect("Rain2.png",123,79)
360          rainSplash.x = rain.x
361          rainSplash.y = rain.y
362          mainTouchLayer:insert(rainSplash)
363          rain:removeSelf()
364          local removeSplash = function()
365              rainSplash:removeSelf()
366          end
367          timer.performWithDelay(800,removeSplash)
368      end
369
370      if isIPhone5 then
371          transition.to (rain,{time=((568-79/2)-66-yPosition)*6,y = 568-(79/2)-66, onComplete = splash})
372      else
373          transition.to (rain,{time=((480-79/2)-66-yPosition)*6,y = 480-(79/2)-66, onComplete = splash})
374      end
375
376      mainTouchLayer:insert(rain)
377  end
378  --上面定义其他的函数
```

`step 03` 存盘后，选择 "Relaunch Simulator" 选项，重新执行程序。

【我们写出了什么样的程序代码】

giveMeRain() 这个函数比较长，分成两个部分，程序代码 352 行播放雨滴音效后，在屏幕上产生雨滴图案，先执行 370 行以下的程序，让水滴等速掉落到木头方块后，再执行程序的第二部分，溅起水花，也就是 357 ~ 368 行的 splash() 函数。

　　splash() 函数里面，首先在 358 行播放出水花的音效，359 行产生水花图形，360 ~ 361 行把水花图形移动到和水滴一样的位置后。在程序代码 362 行时，把水花的图形加入到主要触控图层，加入后，在 363 行的地方，把之前的水滴图形从程序中移除。利用 364 ~ 367 行程序代码，可以让程序在 0.8 秒后移除后半段产生的水花图形。

7-7 欢迎来到物理引擎（physics）世界

　　之前在做雨滴落下碰到木头溅起水花的效果时，是计算让水滴的位置，设定在固定的位置变成水花，并没有监测程序里的水滴有没有碰到下面的木头。接下来要通过引入 Corona SDK 的物理引擎，介绍监测两个物体是否有碰撞的方法。

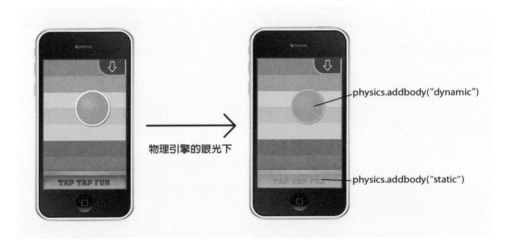

物理引擎的眼光下

physics.addbody("dynamic")

physics.addbody("static")

　　如上图所示，我们想要做的效果是点击屏幕时，屏幕上会出现一颗球，球会好像在真实的世界一样，受到外在的重力而掉落到地面，碰到屏幕下方的木板时，会像小皮球一样向上弹起。要做到这样重力与碰撞的效果，需要引入 Corona SDK 的物理引擎。

　　Corona SDK 的物理引擎使用方法：①引入物理引擎链接库；②启动物理引擎；③再加入各种想仿真物理世界动作的物体。

　　Corona SDK 就可以帮我们仿真各个对象在物理世界的动态。比方说，我们已经在程序代码的第 3 行就引入物理引擎，在程序代码的第 4 行启动物理引擎，接下来把下方的木头加入到物理世界里面，又把圆球图形加到物理世界里面的话，虽然使用者看起来像上图左边，并没有什么分别，但是在物理引擎的世界里，就有了这两个加进去的对象，他们就会互相影响。以下，通过程序代码，来把下方的木头 bottomBar 和点击屏幕产生的圆球加入到物理世界吧！

【实训时间】给我圆球

step 01 如图，在 main() 函数中，addDecolayer() 的下面及 Runtime:add-EventListener 的上面，加上 physics.addBody() 的程序代码。

```
37  local main = function()
38      checkOutIfItsIPhone5()
39      drawBackground()
40      addSelectMenu()
41      addDecolayer()
42      physics.addBody(bottomBar,"static",{density = 1.0, friction = 0.3, bounce=0.4})
43      Runtime:addEventListener("touch", makeSomething)
44  end
```

step 02 如图，在 makeSomething() 函数中，把 print("give me circle") 这行程序代码，改成 giveMeCircle(event.x,event.y)。

```
elseif rightNowImage ==5 then
    giveMeCircle(event.x,event.y)
```

step 03 如图，在 giveMeRain 函数 end 结束后面空一格，于"上面定义其他函数"的批注上面，定义 giveMeCircle 函数。写入下面的程序代码：

```
379
380  giveMeCircle = function(xPosition,yPosition)
381      audio.play(circleSound)
382      local circle = display.newImageRect("Circle.png",134,134)
383      circle.x = xPosition
384      circle.y = yPosition
385      circle.name = "circle"
386      mainTouchLayer:insert(circle)
387      physics.addBody(circle,"dynamic",{density=1.0, friction=0.2, bounce = 0.8,radius=67})
388      local removeMyCircle = function ()
389          circle:removeSelf()
390      end
391      timer.performWithDelay(3000,removeMyCircle)
392  end
393  —上面定义其他的函数
```

step 04 把 main.lua 文件存盘后，以 CORONA Simulator 重新执行程序。

【我们写出了什么样的程序代码】

CORONA SDK 物理引擎使用方法

1.引入物理引擎函数库。
local physics = require (physics)
2.启动物理引擎。
physics.start()
3.加入对象到物理世界中。
physics.addBody(对象名称,对象形态，{各种参数})

对象形态有三种：

a.static: 不会动的物体
b.dynamic: 互动时会动，并且会受重力影响的物体；
c.kinematic: 互动时会动，但不会受重力影响的物体。

在程序启动物理引擎以后，程序代码的 42 行，用 physics.addBody() 这个函数，先把下面的木头 bottomBar 加进这个物理世界里面。由上图我们可以看出 physics.addBody() 这个函数需要加入三个参数：第一个是物体的名称；第二个是对象的形态；最后则是各种参数。对照 42 行的程序代码，可以看到程序代码的意思是，把 bottomBar 加入物理的世界中，在这个物理世界里面，bottomBar 是 不会动的 static 物体，最后在表格里设各种参数：密度是 1.0、摩擦系数是 0.3、弹跳系数是 0.4。

在用户选择圆形按钮，点击屏幕后，就会执行 giveMeCircle() 函数里面的程序代码，先播放 circleSound 的效果音，产生 circle 图片之后，在程序代码的 387 行里，把这个图加进物理世界中。我们希望球受到重力影响，并且受力会互动，所以在第二个参数，填了 "dynamic"。另外，除了密度 1.0、摩擦系数 0.2、弹跳系 数 0.8 以外，还可以设定圆形的半径为 67。

这样设定，在菜单选择圆形按键、点击屏幕后，就会出现往下掉而且会和地面互动的球体了。如果多次点击屏幕，出现很多的球体也会互动。也许读者有注意到程序代码的 385 行，有帮每次产生的圆形显示图片加上一个叫做 name 的属性。在 Corona SDK 每个显示对象都是一个表格（table），可以任意地加上各种新的数值。这个叫做键（key) 为 name、值是 "circle"，稍后在介绍碰撞监测的时候会使用到。

7-8 施力在物体的方式

object:applyForce(x施力,y施力,x坐标,y坐标)

　　最后一个音符按键要做的效果，是点击屏幕后，产生往左上方跳的音符。 要做到这样的效果，可以把音符图片加入物理引擎世界中。然后再利用 object:applyForce() 函数来对音符施力，让物体向左上方跳。这个函数需要加入四个参数：第一个是 x 轴的施力大小；第二个是 y 轴的施力大小；第三个是施力点的 x 坐标；第四个则是施力点的 y 坐标。以下通过实训来把这样的程序代码写出来。

【实训时间】给我音符

step 01 如图，在 makeSomething() 函数中，把 print（"give me music"）这行程序代码，改成 giveMeMusic(event.x,event.y)。

```
elseif rightNowImage ==6 then
    giveMeMusic(event.x,event.y)
end
```

step 02 如图，在 giveMeCircle 函数 end 结束后面空一格，于"上面定义其他函数"的批注上面，定义 giveMeMusic 函数。写入下面的程序代码：

```
393
394  giveMeMusic = function(xPosition,yPosition)
395      audio.play(musicSound1)
396      local music = display.newImageRect("Music.png",125,127)
397      music.x = xPosition
398      music.y = yPosition
399      music.name = "music"
400      mainTouchLayer:insert(music)
401      physics.addBody(music,"dynamic",{density=1.0, friction=0.2, bounce = 2.0})
402      music:applyForce( -2000, -2000, music.x, music.y )
403      local removeMyMusic = function ()
404          music:removeSelf()
405      end
406      timer.performWithDelay(3000,removeMyMusic)
407  end
408  --上面定义其他的函数
```

step 03 将 main.lua 文件存盘后，以 Corona Simulator 重新执行程序。

【我们写出了什么样的程序代码】

用户在菜单点击屏幕后选择音符按键，会执行 giveMeMusic 里面的程序代码。首先会播放 musicSound1 的效果音。接下来产生音符图案，并且把音符图案设定在用户点击屏幕的位置。把音符图案加进主要触控屏幕与物理引擎世界后，范例的重点是在 402 行对于音符图片施力的程序代码上。这样设定可以在音符图片的坐标上，对音符图片施加往左 2000、往上 2000 的力。看到的结果就是音符刚开始会往左上方跳，不过后来因为音符也是 dynamic 会受重力影响的对象，所以接下来会往下掉。直到 3 秒后，由于 406 行作用，而执行 removeMyMusic() 函数，将音符从屏幕上删除。

7-9 碰撞侦测

在物理引擎的世界里，Corona SDK 可以帮我们做碰撞侦测的工作。如同加入触控监听器一样，如果要侦测碰撞，要加入碰撞监听器。以下，我们用实训的程序代码来说明如何侦测碰撞。

【实训时间】碰撞侦测

step 01 如图，在 main() 函数中，结束 end 前面加上 addEventListener 的程序代码。

```
37  local main = function()
38      checkOutIfItsIPhone5()
39      drawBackground()
40      addSelectMenu()
41      addDecolayer()
42      physics.addBody(bottomBar,"static",{density = 1.0, friction = 0.3, bounce=0.4})
43      Runtime:addEventListener("touch", makeSomething)
44      Runtime:addEventListener("collision", onCollision)
45  end
```

step 02 如图，在 giveMeMusic 函数 end 结束后面空一格，于"上面定义其他函数"的批注面，定义 onCollision 函数。写入下面的程序代码：

```
409
410  onCollision = function(event)
411      if event.phase == "began" and event.object1.name == "music" then
412          audio.play(musicSound2)
413      elseif event.phase == "began" and event.object1.name == "circle" then
414          audio.play(circleSound)
415      end
416  end
417  --上面定义其他函数
```

step 03 main.lua 文件存盘后，以 CORONA Simulator 重新执行程序。

【我们写出了什么样的程序代码】

由于在 main() 函数的最后，加上对整个程序、整个 Runtime 的碰撞监听器。于是之后程序里面如有物体碰撞的时候，就会执行 onCollision 这个函数。onCollision 这个函数里面判断如果碰撞物体的 name 属性是 music 的话，就放出 musicSound2 的音效，如果是 circle 圆形碰撞的话，就会发出 circleSound 音效。用这样的设定，完成碰撞侦测。之前我们加入的 name 属性，现在起了作用。

7-10 播放背景音乐

"育儿救星"程序快要接近完成，最后要做的事情，是播放背景音乐。在第 13 行程序代码的时候，就已经把背景音乐汇入，并存在 backgroundMusic 这个变量里面。最后要用程序代码，把背景音乐播放出来。

【实训时间】播放背景音乐

step 01 如图，在 onCollision 函数 end 结束后面空一格，于"上面定义其他函数"的批注上面，定义 playBackgroundMusic 函数。写下下面的程序代码：

```
417
418  playBackgroundMusic = function()
419      audio.setVolume(0.3,{channel=8})--put it near button
420      audio.play(backgroundMusic,{loops=-1, channel =8})
421  end
422  --上面定义其他函数
```

step 02 如图，在 main() 函数中，addDecolayer() 的下面及 physics.addBody() 的上面，加上 playBackgroundMusic()，调用 playBackgroundMusic

函数。

```
37  local main = function()
38      checkOutIfItsIPhone5()
39      drawBackground()
40      addSelectMenu()
41      addDecolayer()
42      playBackgroundMusic()
43      physics.addBody(bottomBar,"static",{density = 1.0, friction = 0.3, bounce=0.4})
44      Runtime:addEventListener("touch", makeSomething)
45      Runtime:addEventListener("collision", onCollision)
46  end
```

step 03 把main.lua这个文件存盘，以Corona Simulator执行main.lua程序。

【我们写出了什么样的程序代码】

上面的程序代码里，先定义 playBackgroundMusic 函数，用 audio.setVolume，把第八频道的音量设成 0.3。接下来用 audio.play 播放背景音乐。利用表格参数的设定，用第八频道来播放背景音乐，并且设定播放循环数为 −1，以便让背景音乐可以不停地重复播放。以上就完成育儿救星这款应用程序的背景音乐。

学到了什么

在本章里，我们整合之前学过的程序代码，创造出一个新的应用程序。最后来复习一下，在本章里，我们学到：

1. 建立程序的架构

先引入函数库，再声明各种变量、各种函数名，接着定义一个叫做 main() 的函数，随之定义程序中其他的函数，最后调用 main() 函数，开始执行整个程序。这样的安排下，写程序的时候比较不会出错，维护程序时也比较好整理。

2. 如何支持 iPhone5

支持 iPhone5 要先在 config.lua 文件里面做设定，接着是在放置图形前设定支持 iPhone5 的程序代码。

3. 如何使用 Corona SDK 的物理引擎

Corona SDK 的物理引擎使用方法：

①引入物理引擎链接库；

②启动物理引擎；

③再加入各种想仿真物理世界动作的物体。

不会动的物体要设成 static，会互动且会受到重力影响的物体要设成 dynamic，会互动但不会受到重力影响的物体要设成 kinematic。

4. 如何在物体上施力

将物体加入物理引擎世界后，用 object:applyForce() 就可以在物体上施力了。

5. 如何侦测碰撞

在整个程序的 Runtime 注册碰撞监听器，并定义相关的处理函数。

6. 显示对象加入新键（key）

任何显示对象包括显示的图形或是显示群组，其实都是类似表格（table）的资料，都可以依照需要加入不同的新键（key）。范例中在圆形和音符上加上了 name 的键（key），之后在侦测碰撞的时候用来分别做不同的处理。

主要的程序代码写完之后，在下个章节要以这个育儿救星的应用程序为例子，介绍如何做实机测试和如何把自己的应用程序上架到 iPhone 的 App Store 和 Google 的 Play 商店。

本章相关重要的程序代码，在本章范例文件的 cookbook.lua 文件都有记录。在自己写程序时，还是可以打开 cookbook.lua 文件参考，搜寻要用的程序代码。如果照着书上的步骤没有办法做出结果的读者，也可以在本章的文件夹中，找到"所需文件"底下"TapTapFun_Finish"文件夹，里面的 main.lua 文件是本章节最后完成的程序代码。

Chapter 8
实机测试与上架

这章里我们要接着上章的内容，介绍如何把做好的应用程序放到手机里面做实机测试，进而介绍如何上架，程序完成到上架有很多过程还有细节要调整，比方说要加入显示 Icon、预设进入程序的画面，以及各种和实机测试的设定，都将在这章里面提到。本章将分成三个部分：第一个部分介绍实机测试之前所需要准备的文件与设定；第二个部分介绍 iOS 和 Android 平台实机测试的方法；最后介绍如何在 iOS 和 Android 做上架的动作。

在本章里，你可以学到：

1. 实机测试前所要准备的文件
2. 如何把做好的程序放在 iPhone 或是 Android 的手机上
3. 如何把做好的程序上架到苹果的 App Store，以及 Google 的 Play 商店

如何申请凭证、如何将应用程序放到手机做实机测试是开发者一定要知道的事情，现在让我们一起来学习吧！

实机测试前所要准备的文件和设定

Icon
手机上启动程序的图示

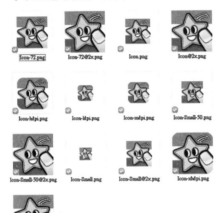

Default
进入程序前的启动画面

AppsGaGa presents

在实机测试之前，需要准备设定：

① 各种文件。如图，包括显示 Icon 和默认进入程序的 Default 画面。

② 设定 build.settings 文件。

除此以外，在这小节里，还要介绍如何在 iOS（也就是包含 iPhone、iPad 与 iPod）机型上，支持程序显示多语系名称的设定。

8-1 准备显示图文件

（1）准备显示图文件：Icon

实机测试和上架之前，要准备各种大小的 Icon 图。Icon 就是手机上启动程序图示。如下图表，为了配合各种不同的手机机型，在程序的文件夹里面，要准备各种不同大小的 Icon 图。如果打开 CH7 "完成后的程序" 文件夹，应该已经可以看到各种不同大小的 Icon 图了。之后读者要制作自己的应用程序的话，请依照这样的大小准备不同的 Icon 文件。

Icon.png 是 iPhone3Gs 用的图文件，Icon-small.png 则是 iPhone3Gs 在搜寻页面会显示的图文件；Icon@2x.png 是 iPhone4 以后用

的图文件，Icon-small@2x. png 则给 iPhone4 以后的机型用的，在搜寻页面会显示的图文件。

各种Icon尺寸

iOS		Android	
Icon.png	57x57 px	Icon-ldpi.png	36x36 px
Icon-small.png	29x29 px	Icon-mdpi.png	48x48 px
Icon@2x.png	114x114 px	Icon-hdpi.png	72x72 px
Icon-small@2x.png	58x58 px	Icon-xdpi@2x.png	96x96 px
Icon-72.png	72x72 px		
Icon-small-50.png	50x50 px		
Icon-72@2x.png	144x144 px		
Icon-small-50@2x.png	100x100 px		
iTunesArtwork	1024x1024 px		

Icon-72.png 是没有视网膜显示的 iPad 用的图文件，Icon-small-50. png 则是非视网膜显示的 iPad 在搜寻页面会显示的图文件；Icon-72@2x. png 是具备视网膜显示的 iPad 用的图文件，Icon-small-50@2x.png 则是给有视网膜显示的 iPad 在搜寻页面显示的图文件。

iTunesArtwork 是其中最大的图文件。加到文件夹的时候请记得把后面的 .png 后缀名拿掉，直接以"iTunesArtwork"这样的文件名放进文件夹即可。

Android 的 Icon 图文件依据不同的分辨率分成 4 种，分别是最小的 Icon-ldpi. png、Icon-mdpi.png、Icon-hdpi.png 与最大的 Icon-xdpi@2x.png。这些文件已经在上一章，引进所需文件时，就放进 CH7 项目文件夹里。这边要注意的是，iOS 的 Icon 文件不需要制作圆角，iOS 的系统自己会帮程序把原始四角的 Icon 转换成圆角的 Icon。不过 Android 系统想要制作圆角的效果的话，就要像下图一样，直接把 Icon 制作成圆角的图文件。

（2）准备显示图文件：默认进入程序的 Default 画面

各种Default文件的尺寸

Default.png	320×480 px
Default@2x.png	640×960 px
Default-568h@2x.png	640×1136 px
Default-Portrait~ipad.png	768×1024 px
Default-Portrait@2x~ipad.png	1536×2048 px
Default-Landscape~ipad.png	1024×768 px
Default-Landscape@2x~ipad.png	2048×1536 px

除了 Icon 图片以外，在实机测试与把程序上架至商店之前，还可以加入各种不同大小的图片进入程序的 Default 画面。如上图，Default.png 是 iPhone3Gs 的 进入程序起始画面，Default@2x.png 是给 iPhone4 与 iPhone4s 的起始画面，Default-568h@2x.png 则是给 iPhone5 的起始画面，Default-Portrait ~ ipad. png 和 Default-Landscape ~ ipad.png 则是给非视网膜显示 iPad 的起始画面；Default-Portrait@2x ~ ipad.png 和 Default-Landscape@2x ~ ipad.png 则是给具备视网膜显示 iPad 的起始画面。

这些文件，在 CH7 "育儿救星"的程序文件夹中，都已经放入了。读者要制作自己的应用程序的话，也请依照这样的大小准备不同的图文件，并放入自己的项目文件夹内。

注意

如果程序要支持 iPhone5 的话，除了上一章的设定以外，一定要记得放入 Default- 568h@2x.png 这个文件。有了这个文件的话，程序才真的可以支持 iPhone5。

8-2 设定 build.settings 文件

准备好了图文件之后，来看看 build.settings 的配置文件。如图，用文本编辑器，把上个章节里专案文件夹的 build.setting 文件打开来后，会看到下面的程序代码。

这些程序代码是 CH7 从"所需文件"里面拷贝进项目文件夹的。之后读者制作自己的应用程序时，可以直接拷贝书里的文件做修改，或是以书里的程序代码为范本，写出自己的文件，保存为 build.settings 就可以了。

```
 1  settings =
 2  {
 3        android =
 4        {
 5              versionCode = "1",
 6              versionName = "1.0"
 7        },
 8
 9        androidPermissions=
10        {
11              "android.permission.INTERNET",
12              "android.permission.ACCESS_NETWORK_STATE",
13              "android.permission.READ_PHONE_STATE",
14        },
15                                                                    Android
16
17        orientation =
18        {
19              default = "portrait",
20        },
21
22        content=
23        {
24              width = 320,
25              height=480,
26              scale="zoomStretch",
27              imageSuffix =
28              {
29                    ["@2x"]=1.8
30              },
31        },
32
33        iphone = {
34              plist = {
35                    CFBundleLocalizations={
36                          "en",
37                          "zh-Hans",
38                          "zh-Hant",
39                    },
40                    CFBundleVersion ="1.0.0",
41                    CFBundleIconFile = "Icon.png",
42                    CFBundleIconFiles = {
43                          "Icon.png",
44                          "Icon@2x.png",
45                          "Icon-72.png",
46                          "Icon-72@2x.png",                         iPhone
47                          "Icon-Small.png",
48                          "Icon-Small@2x.png",
49                          "Icon-Small-50.png",
50                          "Icon-Small-50@2x.png",
51                    },
52                    UIPrerenderedIcon = false,
53                    UIStatusBarHidden = true,
54                    UIApplicationExitsOnSuspend = true,
55              },
56        }
57  }
```

build.settings 是 Corona SDK 编译程序代码产生最后成品之前的设定文件，在程序代码的第 3 ~ 31 行，是关于 Android 编译的设定；程序代码的 33 ~ 56 行，则是对于 iPhone 程序编译的设定。

8-3 Android 各种设定值

Android 各种设定值略列于下。

（1）android

Android 设定方面，程序代码的第 5 行和第 6 行分别设定的是两个和版本相关的设定，首次发表设定为 1 与 1.0，之后向上增加。

（2）androidPermissions

11 ~ 13 行是 Android 装机的时候，会向使用者要求的安装条件。orientation 第 19 行设定程序是横向执行还是直向执行。范例是直向执行，所以设定为 portrait，如果程序是横向执行的话，请把这个设定改成 landscape。这样的话，程序就会以横向执行了。

（3）content

24 ~ 30 行是和 config.lua 一样，设定程序画面的缩放。

8-4 iPhone 各种设定值

对于 iPhone 的各种编译设定值，都是写在 plist 的大括号里。

（1）CFBundleLocalizations

程序代码的 35 ~ 39 行设定程序名称是否支持多语系。如果读者的程序不支持多语系的话，可以把这 5 行删掉，如果要支持更多的语系的话，请在大括号中加入更多 语系。有关支持多语系的细节，在下个小节会再做更详细的介绍。

（2）CFBundleVersion

程序代码 40 行是设定版本号码。

（3）CFBundleIconFile

程序代码 41 行设定的是 Icon 图片名称。

（4）CFBundleIconFiles

程序代码 42 ~ 51 行则是填入其他的 Icon 文件名。

（5）UIPrerenderedIcon

程序代码 51 行是设定是否要让 iOS 程序的 Icon 有光晕的效果。如果程序 Icon 要加上光晕的话，这边要填 false；相反的，如果不需要加光晕的话，这边就填 true。

（6）UIStatusBarHidden

程序代码 53 行是设定是否要隐藏状态栏，如果要隐藏的话，就填入 true，要显示的话，则填入 false。

（7）UIApplicationExitsOnSuspend

最后 54 行是设定用户离开程序后，再回来执行程序的话，要不要重新从头开 始执行程序，或是从上次离开程序的画面，继续程序进行。如果要从头进行程序的话，则设成 true；如果继续执行程序的话，则设成 false。

以上是对于 build.settings 文件的介绍。接下来在这个小节里面，要加码介绍程序代码显示名称要怎么设定才可以支持多语系。

8-5 程序显示名称支持多语系

──中文显示程序名称

Corona SDK 编译出来的 iPhone 程序可以支持多语系；Android 程序则没有这样的功能。如果要编译 Android 程序的话，手机上显示的名称，就是项目文件夹的名称。如果要编译 iPhone 程序的话，可以用下面的方法支持以多语系的方式显示程序名称。

（1）在 build.settings 的文件里面加上 CFBundleLocations 的设定

上面介绍 build.settings 文件的时候已经介绍过，要把支持多语系的语言，写在 CFBundleLocations 的括号里面。

（2）在项目文件夹里为分别的语系开分别的文件夹

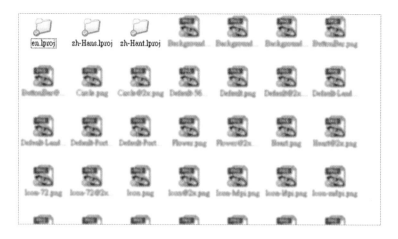

如上图，如果程序支持英文、繁体中文和简体中文的话，就在项目文件夹里面，分别新增后缀名为 ".lproj" 的文件夹。这些文件夹在之前的范例程序里都已经汇入，分别是 en.lproj、zh-Hans.lproj 与 zh-Hant.lproj。

（3）在这些文件夹里面，分别用文本编辑器新增同样叫做 "InfoPlist. strings" 的文件。

en.lproj 文件夹里面的InfoPlist.strings文件
```
1   "CFBundleDisplayName"="TapTapFun";
2   "CFBundleName"="TapTapFun";
```

zh-Hans.lproj文件夹里面的InfoPlist.strings文件
```
1   "CFBundleDisplayName"="育儿救星";
2   "CFBundleName"="育儿救星";
```

zh-Hant.lproj文件夹里面的InfoPlist.strings文件
```
1   "CFBundleDisplayName"="育儿救星";
2   "CFBundleName"="育儿救星";
```

如图，在里面写下各种语言的程序名称。这些文件在之前的范例程序里都已经汇入项目文件夹。如果读者自己写新的应用程序的时候，可以照着书中的范例进一步修改。

介绍在实机测试与上传之前所要准备的图文件及设定之后，接下来要正式进入实机测试的介绍。

注意：

在实机测试之前，不要忘了放入各种 Icon、Default 图文件，以及 build settings 文件。

8-6 在 iPhone 上做实机测试

根据苹果公司的规定，如果要推出 iOS 平台的应用软件，必须用苹果的计算机来编译程序。当然 Corona SDK 在开发时可以在苹果计算机或是一般个人计算机做开发。不过如果要编译成 iOS 平台的应用程序的话，首先必须要有一台苹果的计算机，才能把 Corona SDK 的程序代码，编译成可以在 iOS 平台上执行的应用程序。

如果只想要制作 Android 程序的读者，请跳过这个小节，直接看 Android 实机测试的步骤。如果要开发 iOS (iPhone、iPod、iPad) 程序的读者，以下是实机测试步骤的解说。

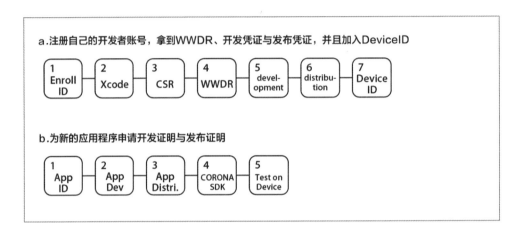

如上图，要在 iOS 平台上面做实机测试的话，要完成两大流程。

首先是注册自己的开发者账号，拿到 WWDR、开发凭证与发布凭证，这是第一次要发布程序时要准备的凭证；接着是为新的应用程序申请开发证明与发布到苹果商店的发布证明。下面这个流程，每次开发新应用程序时都要走一遍，帮每个新的应用程序都取得各自的开发与发布证明。以下详细解释这两大流程。

①注册自己的开发者账号，拿到 WWDR、开发凭证与发布凭证，并且加入 DeviceID，请配合上图阅读。

a. 首先要注册成为 apple 的开发者，付每年 99 美元的年费，才能加入 iOS 开发者计划。

b. 下载苹果手机程序的开发环境程序 Xcode。

c. 产生 CertificateSigningRequest 文件。

d. 下载 WWDR 文件。

e. 下载开发凭证。

f. 下载发布凭证。

g. 加入测试手机 UDID。

②为新的应用程序申请开发证明与发布证明。

a. 为新的应用程序申请 ID。

b. 申请单一程序的开发证明。

c. 申请单一程序的发布证明。

d. 用 Corona SDK 编译文件。

e. 发布到实机测试。

　　上面看到要申请很多凭证和证明。实机测试的时候，需要①流程 e 步骤和②流程 b 步骤的凭证；上架到苹果商店时，需要的则是①流程 f 步骤和②流程 c 步骤的凭证。懂得所需要的东西和完整的程序后，现在以实训带着读者一 步一步完成这些步骤。

【实训时间】iPhone 实机测试流程 1: 注册成为 Apple 的开发者，加入 iOS 开发者计划

`step 01` 请先到苹果的开发者网页：https://developer.apple.com。

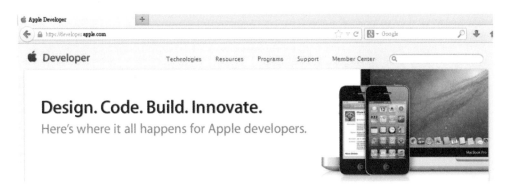

step 02 按下右上方的 Member Center 注册你的 Apple ID。

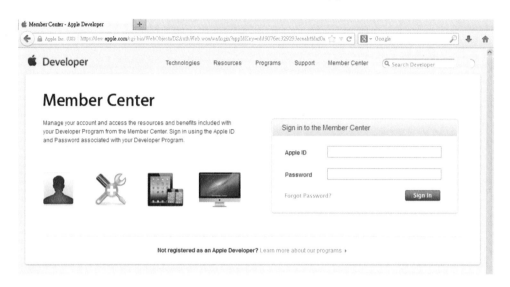

step 03 请再到苹果的开发者网址：https://developer.apple.com/programs/ios/。

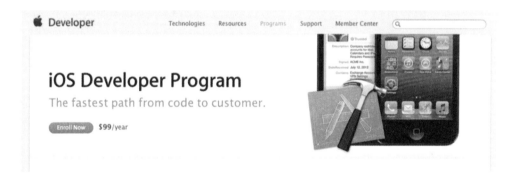

step 04 如果要实机开发或是要上架的话，必须支付苹果年费，每年 99 美元。如果确定要上架的话，请按"enroll now"按键付费。这样就注册成为 Apple 的开发者，并且加入 iOS 开发者计划。

【实训时间】iPhone 实机测试流程 2：安装苹果手机开发工具 Xcode

step 01 打开苹果计算机上的 Mac App Store ，下载 Xcode。

step 02 安装时填入 iPhone 实机测试流程 1 里 step 02 申请的 Apple ID 的账号和密码。

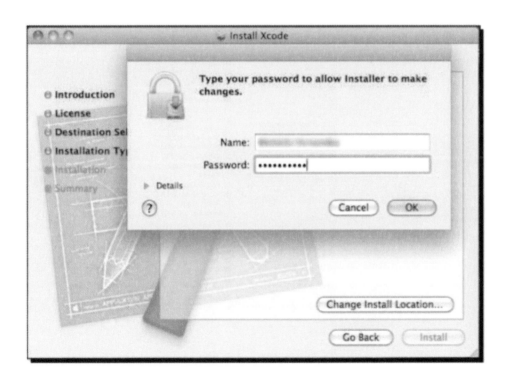

 最后按下"Close"完成安装。

【实训时间】iPhone 实机测试流程 3: 产生 CertificateSigningRequest 文件

step 01 下面的流程要在计算机里产生一个 CertificateSigningRequest 的文件。首先打开苹果计算机里的 Finder，找到"应用程序→工具程序→钥匙圈存取"路径。双击"钥匙圈存取"，打开钥匙圈存取。

step 02 进入 "钥匙圈存取 → 凭证辅助程序 → 从证书颁发机构要求凭证"。

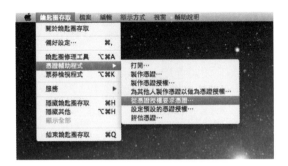

step 03 在弹出的窗口里，填入电子邮件地址和一般名称，CA 电子邮件地址空白不用填。下方勾选储存到磁盘，与勾选指定密码配对信息。按 "继续"。

step 04 密码配对信息窗口里面，密码大小维持 2048bit、算法维持 RSA，按下 "继续"。

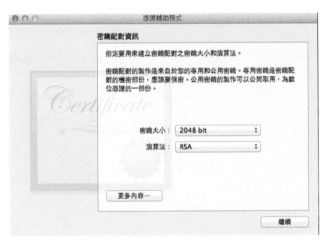

step 05 桌面就会顺利出现 CertificateSigningRequest 文件。

【实训时间】iPhone 实机测试流程 4：下载 WWDR 文件

step 01 进入开发者网页 https://developer.apple.com/devcenter/ios/index.action，先在右上方登入开发者账号，再点击下面进入 Certificates,Identifiers & Profiles。

step 02 点进网页后，按进 iOS App 下面的 Certificates 选项。

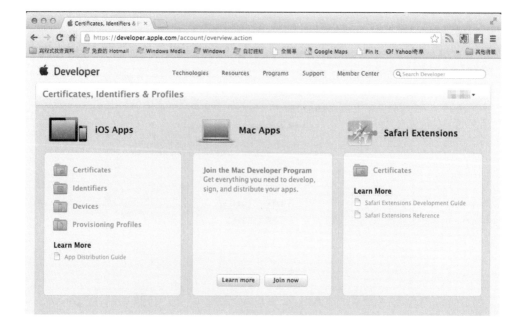

step 03 进入网页后，先确定是在 Certificates 下面的 All 选项，接着在按下右上方的 "+"，增加凭证。

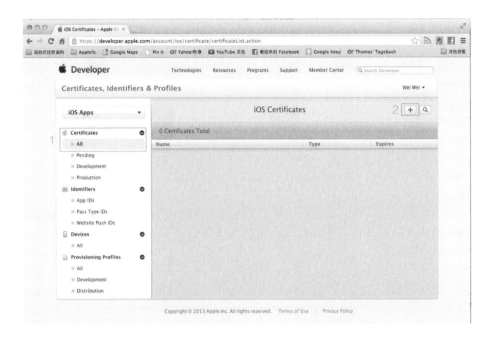

step 04 到了增加凭证页面，先到最下方按下下载 "Worldwide Developer Relations Certificate Authority"。

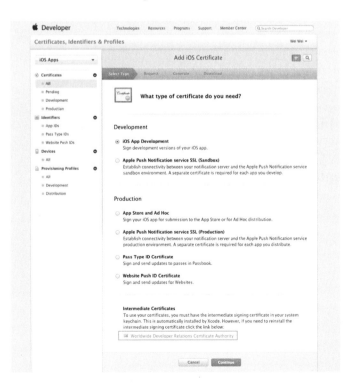

step 05 到计算机里的"下载项目"中，双击刚下载好的 AppleWWDRCA.cer 文件。

step 06 这个凭证已经安装到钥匙圈存取的程序里面。完成下载 WWDR 文件。

【实训时间】iPhone 实机测试流程 5：下载开发凭证

step 01 请回到刚刚 iPhone 实机测试流程 4 Step4 的页面。先按下"iOS 4 Development"的选项，再按下面的"Continue"。

step 02 在 About Creating a Certificate Signing Request 的页面上，按下 "Continue"。

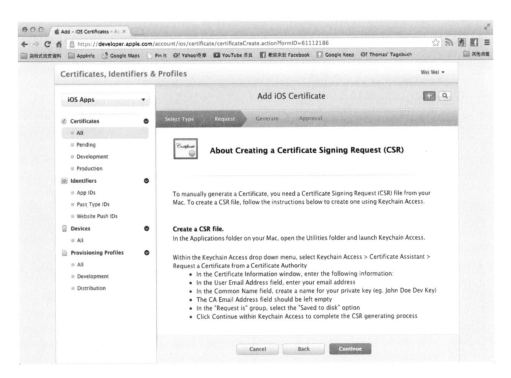

step 03 在 Generate your certificate 页面中，按下 "Choose File"。

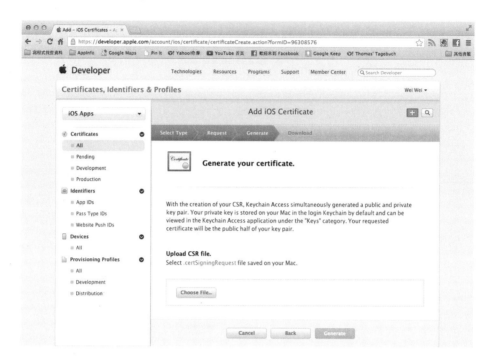

step 04 在弹出窗口中，选取桌面上、iPhone 实机测试流程 3 里，step 05 产生出来的 CertificateSigningRequest 文件后，按 "打开"。

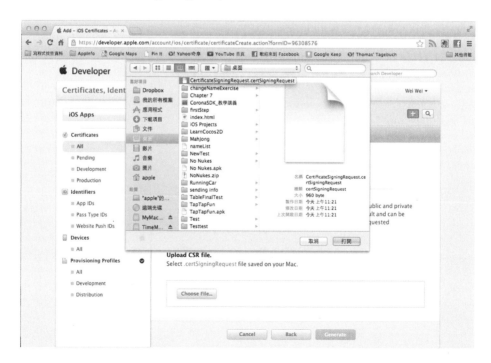

step 05 回到 Generate your certificate 页面上，按下“Generate”。

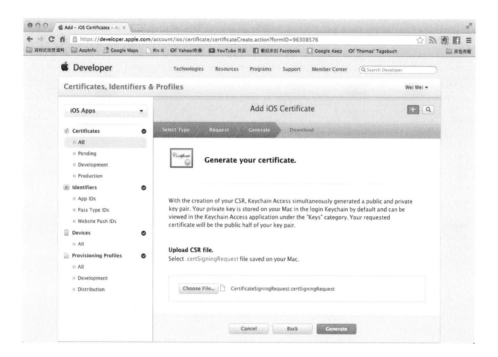

step 06 在 Your certificate is ready 页面上，按下“Download”后，再按下“Add Another”。

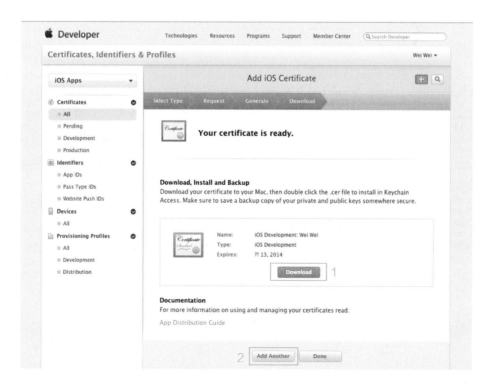

step 07 到计算机里的下载项目文件夹，看到里面已经下载了开发凭证（ios_development.cer）。双击安装。

step 08 看到钥匙圈存取程序里，开发凭证已经安装到计算机中了。完成下载开发者凭证。

【实训时间】iPhone 实机测试流程 6 : 下载发布凭证

step 01 请回到刚刚 iPhone 实机测试流程 5，**step 06** 按下 "Add Another" 后的页面。先按下 "App Store and Ad Hoc" 选项，再按下 "Continue"。

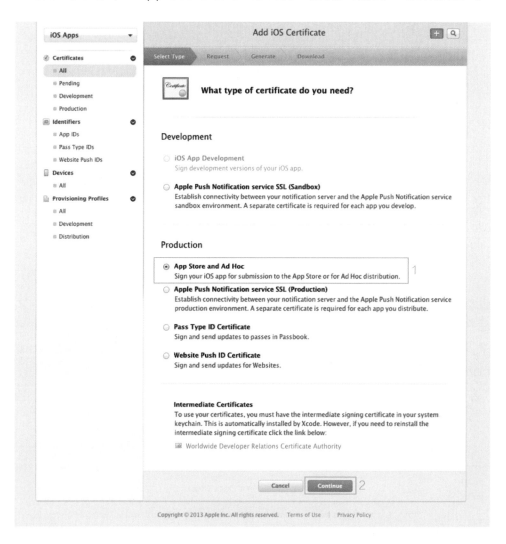

step 02 在 About Creating a Certificate Signing Request 的页面上，按下 "Continue"。

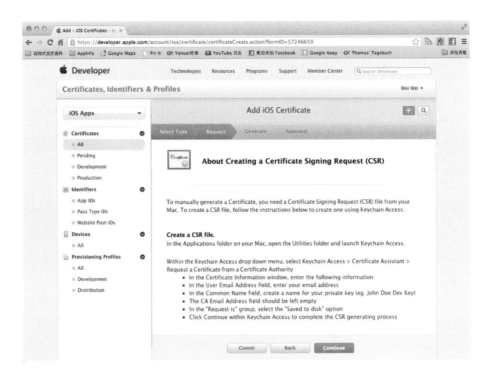

step 03 在 Generate your certificate 页面中，按下 "Choose File"。之后在弹出窗口中，选取桌面上、iPhone 实机测试流程 3 里，step 05 产生出来 "CertificateSigningRequest" 文件后，按 "打开的"。最后回到 your certificate 页面上，按下 "Generate"。

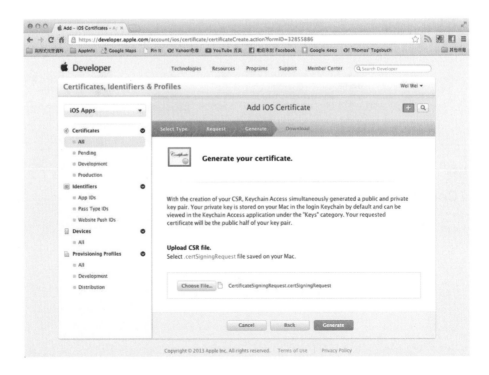

step 04 在 Your certificate is ready 页面上，按下 "Download" 后，再按下 "Done"。

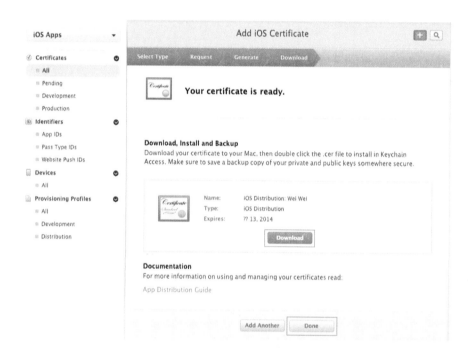

step 05 到计算机里的下载项目文件夹，看到里面已经下载了发布凭证（ios_distribution.cer），双击安装。之后也会看到钥匙圈存取程序里，发布凭证已经安装到计算机中了。完成下载发布凭证。

【实训时间】iPhone 实机测试流程 7：加入手机 UDID

step 01 开启计算机上的 iTunes。把自己的手机或其他的苹果机器连接到计算机上看到下图上方的图案时，点击序号，就会发现序号变成了 UDID 的号码，把这个号码记下来。

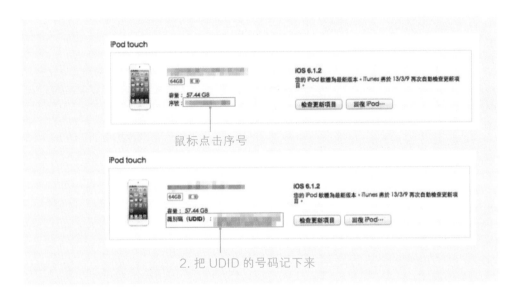

鼠标点击序号

2. 把 UDID 的号码记下来

step 02 进入开发者网页 https://developer.apple.com/devcenter/ios/index.action，先在右上方登入开发者账号，再点击进入 Certificates,Identifiers & Profiles。点进网页后，按进 iOS Apps 下面的 "Devices" 选项。

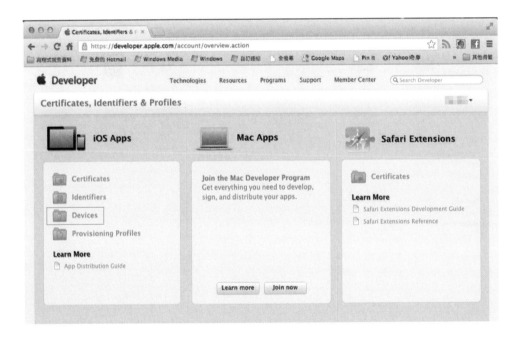

step 03 在 Devices，All 的选项里，按下右上方的 "+"，增加新的手机 UDID。

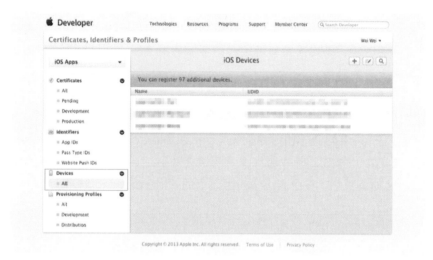

step 04 填入机器名称与在 step 01 记下的 UDID，按下 "Continue"，就顺利将机器的 UDID 号码加入开发者计划，之后可以用这台机器来做实机测试。

以上完成了下载 WWDR 文件、下载与安装开发凭证及发布凭证，并且把机器的 UDID 加入开发者计划，让手机可以作为实机测试所用。这些动作都只要做一次，就会储存在计算机中的钥匙圈存取程序内与开发者数据中。每次开发新应用程序的时候，不用再重新设定。而接下来的流程，则是每次开发新的应用程序都再做一遍的事情。

【实训时间】iPhone 实机测试流程 8：为新的应用程序申请 ID

step 01 进入开发者网页 https://developer.apple.com/devcenter/ios/index.action，先在右上方登入开发者账号，再点击进入 Certificates，Identifiers & Profiles。点进网页后，按进 iOS Apps 下面的"Identifiers"选项。

step 02 在 Identifiers 的 App IDs 页面里，按下右上方的"+"，增加一个新的 App ID。

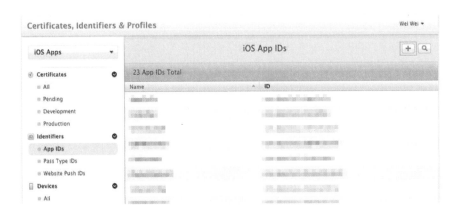

step 03 先在 App ID Description 空格填上 App 的代表名稱，然後下面的 Explicit App ID 的 Bundle ID 的空格內，填入"com. 開發者名稱 . 類別 . 應用程序名稱"這樣的名字。在範例裡填上的是"com.appsgaga.education. taptapfun"。讀者請填上自己的名字。填好之後按"Continue"。

step 04 在確認頁面中按"Submit"，完成新應用程序 App ID 的申請。

【实训时间】iPhone 实机测试流程 9：申请单一程序的开发证明

`step 01` 在 Certificates,Identifiers & Profiles 页面里，按下左边 Provisioning Profiles 的 All 后，点选 iOS App Development 之后，按下右上方的 "+"，申请单一程序的开发证明。

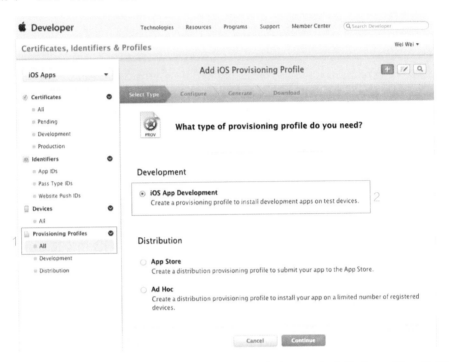

`step 02` 在 Select App 下 ID 页面，选取在上个流程里产生的 App ID。选好之后按 "Continue"。

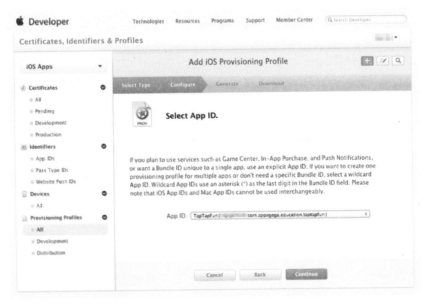

step 03 在 Select certificates 的地方，选取在 iPhone 实机测试流程 5 产出的凭证。选好之后按下 "Continue"。

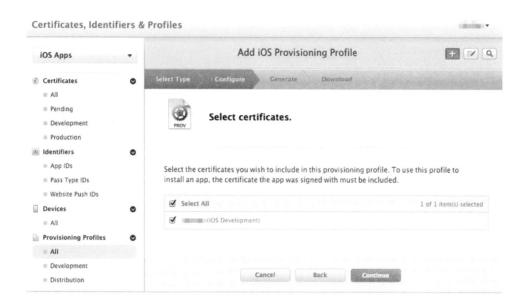

step 04 在 Select devices 的页面，选取要安装程序的机器。选好之后按下 "Continue"。

step 05 帮单一应用程序的开发凭证取名。通常可以在程序名称之后加上底线再加上 Dev，代表是开发用的凭证。如范例，命名为 TapTapFun_Dev。

step 06 在 Your provisioning profile is ready 的页面，先点选"Download"下载单一程序的开发证明，再按"Add Another"准备在下个流程中，申请单一程序的发布证明。

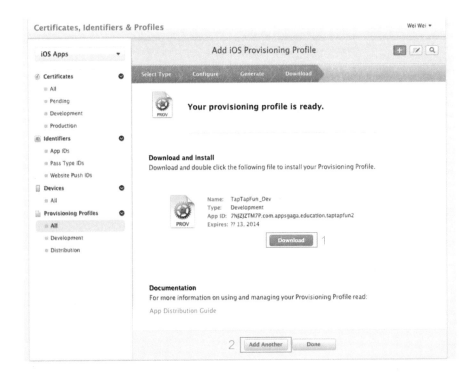

【实训时间】iPhone 实机测试流程 10：申请单一程序的发布证明

step 01　上个流程最后的步骤按完 Add Another 会回到 What type of provisioning profile do you need 的画面。这次请选 Distribution 下面的 App Store。点选之后可以按右上角的 "+" 或是 "Continue" 继续下一个步骤。

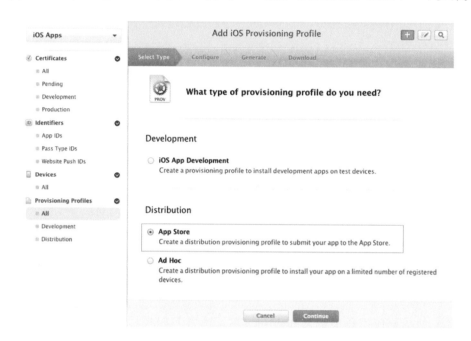

step 02　在 Select App ID 页面，选取 App ID 之后，按下 "Continue"。

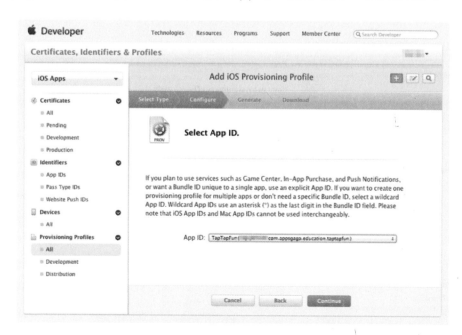

step 03 在 Select certificates 的地方，选取在 iPhone 实机测试流程 6 产出的凭证。选好之后按下"Continue"。

step 04 帮单一应用程序的发布证明取名。通常可以在程序名称加上底线之后加上 AppStore，代表是发布用的证明。如范例，命名为 TapTapFun_AppStore。

step 05 在 Your provisioning profile is ready 的页面中，先点选 "Download" 下载单一程序的发布证明。

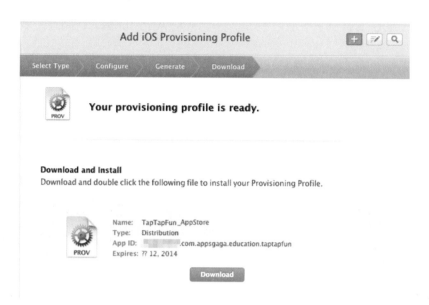

step 06 到计算机里的下载项目文件夹，看到里面已经下载了申请单一程序的开发证明与单一应用程序的发布证明。分别将两个文件双击安装到 Xcode 里面。完成申请单一程序的发布证明。

以上，所有需要的凭证和证明都已经下载安装完成。接下来要回到 Corona SDK 来编译程序。

注意：

　　苹果开发者网站常会变更设计。不管未来网站外观如何变化，最重要的就是下载 WWDC 文件开发凭证、发布凭证。新增 App ID 后，申请单一程序的开发证明与发布证明。

【实训时间】iPhone 实机测试流程 11：用 Corona SDK 编译文件

step 01 打开 Corona Simulator，重新执行要上架的程序。执行之后，按下"File → Build → iOS"。

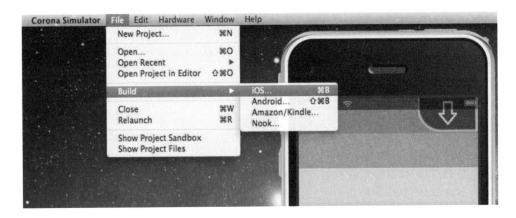

step 02 在弹出窗口上填写相关的数据。"Application Name"栏填上程序名称。"Version"栏填上版本名称。"Build for"栏选择 Device。"Supported Devices"栏选择 iPhone+iPad(Universal)。"Code Signing Identity"选择 iPhone 实机测试流程 9 产生出来的单一程序的开发证明。"Save to Folder"栏选择桌面。设定好了之后按下"Build"，开始编译文件，这个 步骤就算顺利完成。

【实训时间】iPhone 实机测试流程 12：发布到实机测试

step 01 打开 iTunes，把上个流程最后产生出来的程序，拉到 iTunes 的数据库里。

step 02 把测试机器接上计算机，用 iTunes 同步手机。程序就会经过 iTunes 数据库装进手机里面，即可以用实机来测试 Corona SDK 里面制作好的程序。

以上介绍完如何在 iDevice (iPhone、iPod 还有 iPad) 实机测试的流程。接 下来要来介绍如何在 Android 手机上做实机测试。

8-7 在 Android 手机上做实机测试

在 Android 手机上做实机测试比在 iPhone 上面做实机测试简单多了。不用事先申请开发 ID，也不用申请凭证。下面来介绍在 Android 手机上做实机测试的步骤。

【实训时间】在 Android 手机上做实机测试

step 01 打开 Corona Simulator，重新执行要上架的程序。执行之后，按下 "File → Build → Android"。

step 02 在弹出窗口上填写相关的数据。"Application name"栏填上程序名称。"Version Code"栏与"Version Name"栏填上版本名称。"Package"栏填上和 iPhone 实机测试流程 8、step03 一样格式，以"com. 开发者名称 . 类别 . 应用程序名称"为基础的名字。在范例里填上的是"com. appsgaga. education.taptapfun"。读者请填上自己的名字。

"Minimum SDK Version"维持 Android 2.2。"Keystore"请选择 Debug，"Key Alias"选择 androiddebugkey。"Save to folder"栏选择桌面。设定好了之后按下 Build，开始编译文件。

step 03 如果有 Google 的 Gmail 账号，可以把编译好的 .apk 文件寄到自己的 Gmail 信箱中。如果有 Dropbox 的读者，可以把编译好的文件放进自己的 Dropbox。再用自己的 Android 手机从 Gmail 信箱中下载，或是从 Dropbox 下载到自己的手机里，即可安装做实机测试。

8-8 上架到苹果 App Store

完成实机测试之后，接下来要介绍如何把做好的程序上架到程序商店里，供使用 者下载。

首先要介绍的是如何把程序上架到苹果的 App Store。要把程序上架到 App Store 的第一步是要先在苹果的 iTunes Connect 网站做好设定，接下来用 Corona SDK 编译程序上传。以下是上架到苹果 App Store 的解说。

【实训时间】如何设定 iTunes Connect

step 01 打开 iTunes Connect 网址：https://itunesconnect.apple.com/，
输入自己的账号和密码。

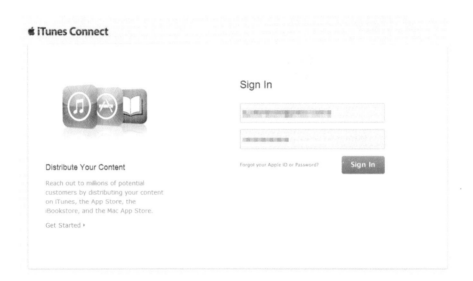

step 02 进入 iTunes Connect 页面后，点击右下方的 Manage Your Applications。

step 03 在 Manage Your Apps 页面里，点击左上方的"Add New App"增加新的 App。

step 04 在 App Information 页面填入各种和新应用程序相关的数据。"Default Language"（默认语言）选 English，"App Name"（程序名称）是上架后真的显示在苹果商店的名称，"SKU Number"是填自家分类的号码，"Bundle ID"这一栏，请选择 iPhone 实机测试流程 8 申请完成的 App ID。设定好之后按"Continue"。

step 05 设定程序预计上架时间以及设定要贩卖的价钱。设定完毕之后按"Continue"继续。

step 06 接下来到了一个很长的设定页面，首先看到最上面 Version Information 的部分，填入"Version Number"（版本号码）、"Copyright"（版权声明），选择程序的"Primary Category"（主要领域）与"Secondary Category"（次要领域）。

在 Rating 的部分要依照程序的内容为自己的程序评估，看看自己的程序有没有涉及暴力或是色情等内容。如果有的话，程度又是如何。

Metadata 填入和应用程序相关的数据。这边的"Description"会显示在 App Store 的页面上，作为程序的说明。"Keywords"填入关键词。"Support URL"填入官网网址。"Marketing URL"和"Privacy Policy URL"可以不填。

App Review Information 的 Contact Infomation 填上自己的资料

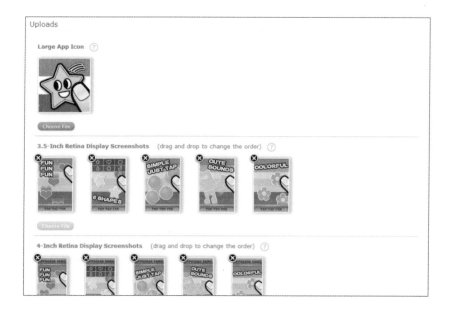

Uploads 这个部分先在 Large App Icon 把之前准备 Icon 时产出的 1024×1024 像素 iTunesArtwork 图片上传，接着把自己应用程序的截图上传到这个页面上：3.5 寸 Retina Display 的部分，传 iPhone4 的程序截图；4 寸 Retina Display 的部分，传 iPhone5 的程序截图。另外还要传 iPad 的程序截图，最后按下 save 完成这个画面的设定。

step 07 如果程序说明与截图要支持更多的语言的话，可以按"Choose Another Language"新增。以上完成苹果 iTunes Connect 网站的设定，接下来回到 Corona SDK ，用 Corona SDK 编译程序上传到苹果 App Store 。

注意：

上面在 step 04 的时候，可能会发现你想要的程序名称已经被别的开发者使用了。这时候就 要换个名称试试看，直到使用没有人用过的名字为止。

【实训时间】用 Corona SDK 编译程序上架到苹果 App Store

step 01 打开 Corona Simulator，重新执行要上架的程序。执行之后，按下 "File → Build → iOS"。弹出 Build for iOS 窗口之后，填好所需数据。

基本上和实机测试时一样，不过在"Code Signing Identity"字段要选择的则是选择 iPhone 实机测试流程 10 产生出来的单一程序的发布证明。

step 02 看到 Your application is ready for distribution 之后，请按最左边的 "Upload to App Store"。

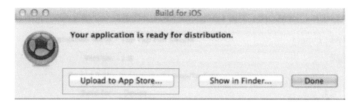

step 03 选择要上传的程序。

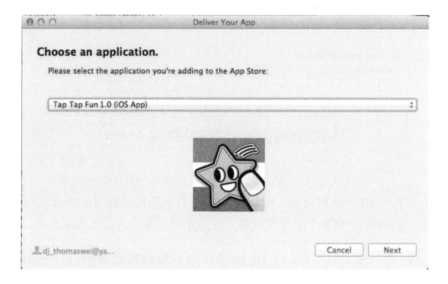

step 04 在 Deliver Your App 的窗口上，按下 "Choose" 按钮。

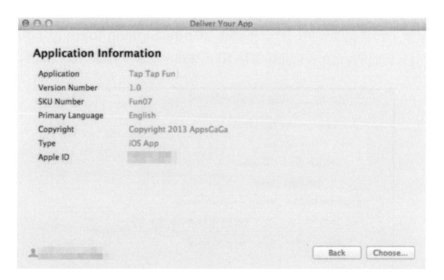

step 05 选取程序的压缩文件，也就是 .zip 文件，按下"Open"。

step 06 在 Adding application 窗口里，按下右下角的"Send"按钮送出。

step 07 最后在 Thank You 页面按下"Done"完成传送。

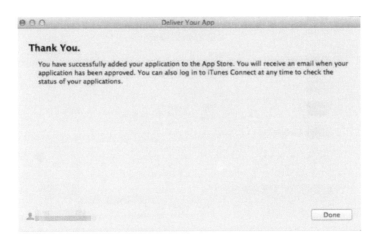

以上就是上架到苹果 App Store 的流程介绍。

注意：

上架程序到苹果 App Store 通常需要两周左右的审核时间，请耐心等待自己的程序上架。

8-9 上架到 Google 的 Play Store

本章的最后，要介绍如何把做好的程序上架到 Google 的 Play Store。要把程序上架到 Play 商店（Google Play Store) 的第一步是要先要用终端机程序产生 凭证，用 Corona SDK 编译好了以后，第二步则是到 Google 的 Developer Console 做设定，并且把程序上传到 Google 的 Play Store。以下通过实训来介绍上架 Google Play Store 的流程。

【实训时间】用终端机程序产生凭证，并且用 Corona SDK 编译程序

`step 01` 由于在终端机产生凭证的过程中，如果是苹果的系统的话，终端机可能会因为中文编码问题而出现乱码，于是一开始，先要调整终端机的中文 编码。如果读者用的是 PC 在开发 Corona SDK 的程序的话，应该不会有问题。如果读者用的是苹果的操作系统的话，请打开计算机 Finder，到"应用程序→工具程序→终端机"，把终端机打开。在"终端机→偏好→设定"这边，打开偏好设定。如下图按到进阶选项，在字符编码的字段，选择"繁体中文（Mac OS)"。

step 02 打开系统的终端机，在上面写上 "keytool-genkey -v -keystore taptapfun.keystore -alias aliasname -keyalg RSA -validity 999999"，用终端机产生凭证。这边要注意，如果读者在申请自己的凭证时，请把上面的 taptapfun.keystore 里面的 "taptapfun" 改成读者做的应用程序名称。比方说读者自己做好的应用程序叫 popcandy 的话，这边就改写成 popcandy.keystore。写好之后苹果系统按 "Return" 键，微软系统则按 "Enter" 键。

```
000                    ⌂ apple — bash — 79×30
Last login: Wed Feb 27 10:12:48 on ttys000
appleteki-MacBook-Air:~ apple$ keytool -genkey -v -keystore taptapfun.keystore
-alias aliasname -keyalg RSA -validity 999999
輸入 keystore 密碼：
重新輸入新密碼：
您的名字與姓氏為何？
  [Unknown]:  WEI WEI
您的顧制單位名稱為何？
  [Unknown]:  AppsGaGa
您的組織名稱為何？
  [Unknown]:  AppsGaGa
您所在的城市或地區名稱為何？
  [Unknown]:  TAIPEI
您所在的州及省份名稱為何？
  [Unknown]:  TAIPEI
該單位的二字國碼為何
  [Unknown]:  TW
CN=WEI WEI, OU=AppsGaGa, O=AppsGaGa, L=TAIPEI, ST=TAIPEI, C=TW 正確嗎？
  [否]:  y

針對 CN=WEI WEI, OU=AppsGaGa, O=AppsGaGa, L=TAIPEI, ST=TAIPEI, C=TW 產生有效期
為 999,999 天的 1,024 位元 RSA 金鑰對以及自我簽署憑證 (SHA1withRSA)

輸入 <aliasname> 的主密碼
      (RETURN 如果和 keystore 密碼相同)：
[儲存 taptapfun.keystore]
appleteki-MacBook-Air:~ apple$ █
```

step 03 如上图，接下来会有一连串的问题。第一个是设定 keystore 的密码。这个密码要记好，之后还会用到。接下来依次把问题填写完毕。结束后，终端机程序就已经为程序产生了凭证。

step 04 打开 Corona Simulator，重新执行要上架的程序。执行之后，按下"File → Build → Android"。和实机测试时不一样的设定是，在"Keystore"请选择在上个步骤产生的 keystore 文件。"Key Alias"请选择 aliasname，开始编译文件。

step 05 要求输入密码时，请填上 step 3 设定的密码。按"OK"后完成编译。

【实训时间】Developer Console 的设定与程序的上传

上架 Google Play Store 和苹果的 App Store 一样，都要付费加入开发会员。

step 01 请先到 Google 的网址 https://play.google.com/apps/publish/ 申请成为会员，并且付出 25 美元的费用才能将应用程序上架到 Play Store。加入 付费开发者之后'到 Google 的 Developer Console 网站，增加新的应用程序，填入商品信息并增加各种截图。

step 02 在 app 的选项中，把编译到桌面的 .apk 文件上传。

step 03 在定价与发布的选项中，先选取要上架的国家和地区，接着选取符合 Android 内容指南的规定，最后同意选取美国进口法律的选项。

step 04 在右上方已可发布的地方选择发布此应用程序。完成 Android 程序在 Google Play Store 上架的流程。

注意：

　　Android 程序通常发布之后，过两小时左右，就会在 Google Play Store 上架。

学到了什么

在本章里，我们介绍如何在 iOS 及 Android 装置上做实机测试与如何上架两个平台的商店。

在本章里，我们学到：

1. 上架要准备的 Icon 和起始 Default 图文件的大小与名称

除了各种大小的图文件以外，如果要支持 iPhone5 的话，一定要加入 Default- 568h@2x.png 这个图文件。

2. 如何设定 build.settings 文件

build.settings 的文件，设定 Corona SDK 要如何编译程序。分成 iPhone 和 Android 两部分，里面有很多重要的参数需要做调整。

3. 如何支持程序名称以多语系显示

程序名称支持多语系显示，先要在 build.settings 做设定。在项目文件夹中为每种语言增加后缀名为 .iproj 的文件夹，并且分别在里面新增 "InfoPlist. strings" 的文件。在这个文件里面，为每种语言增加翻译文字。

4. 如何在 iPhone 上做实机测试

加入苹果开发者计划，取得 WWDR 凭证。有了开发者凭证，又有了个别应用程序的开发证明，就可以用 Corona SDK 编译程序，到 iDevice 上做实机测试。

5. 如何上架到苹果的 App Store

先在 iTunes Connect 设定好了程序的信息，然后用发布凭证，与个别应用程序的发布证明，就可以用 Corona SDK 编译程序，上架到苹果的 App Store。

6. 如何在 Android 手机上做实机测试

用 androiddebugkey 通过 Corona SDK 编译程序后，上传 Gmail 或是 Dropbox，再以 Android 装置下载做实机测试。

7. 如何上架到 Google 的 Play Store

在终端机申请凭证，并用 Corona SDK 编译程序。在设定好 Google Play Store 的信息后，即可上传程序到 Google 的 Play Store。

本章和上个章节不仅把学过的功能统合开发成了一个完整的程序，并且实际用这个程序示范如何实机测试与上架，读者读到这里，应该已经可以开发出简单的应用程序并且在应用程序商店里上架了。下一章要进一步介绍比较复杂的游戏开发，内容包括了非常有用的 storyboard 函数库，请读者继续看下去吧。

Chapter 9
台湾铁路通

在这章里，要介绍如何利用之前章节所学的知识，制作一款拥有多页面场景的小游戏。由于使用程序码之前几乎都在书中有提过，于是在这章里，我们直接打开本章范例程序码，以解说的方式，来介绍如何完成游戏中的各个画面。

在本章里，你可以学到：

1.Corona SDK 里面的 storyboard 函数库
2. 如何支持程序里面图片的多语系功能
3. 如何储存与取得手机中的资料
4. 如何置入网页

通过完整的游戏范例，读者会更清楚如何做出自己的作品。配合上章的上架知识，希望大家都可以做出心里面想要开发的游戏。

爱台湾地区的小游戏：台湾铁路通

接下来要做的作品是在苹果的 App Store 和 Google Play Store 都可以找到的一款免费的程序，欢迎大家下载。下载链接于下：

iPhone：https://itunes.apple.com/app/id624473652?mt=8

Android：https://play.google.com/store/apps/details?id=com.appsgaga.game.taiwanrailway

如图，游戏菜单有不同的选项。

（1）开始游戏

按下"开始游戏"后，进入游戏页面。依照题目的指示，将火车滑动到正确的方向。比方说现在所在地是苗栗，而班车的目的地要往台南，就要把火车滑往右方，也就是高雄的方向。游戏主要目的是要看看玩家熟不熟台湾铁道的各站顺序。

（2）高分排行

按下"高分排行"后，会把玩家的前 10 大高分成绩在画面上列出来。

（3）铁道信息

很多玩家其实不熟悉站牌的顺序。这时候按下"铁道信息"，就会进入铁道信息画面，提供玩家各站的顺序信息。

（4）更多游戏

按下"更多游戏"会链接到设定的网址，把更多的程序信息显示在画面的网页上。像这样的游戏是怎么做出来的呢，请看下面的分析。

9-1 分析程序："台湾铁路通"就是这样做出来的

本章的程序架构和之前的不同。虽然程序还是从 main.lua 开始执行，但是通过 storyboard 函数库，可以链接 main.lua 以外的文件。每个文件都是一个场景，以下是各个场景的说明。

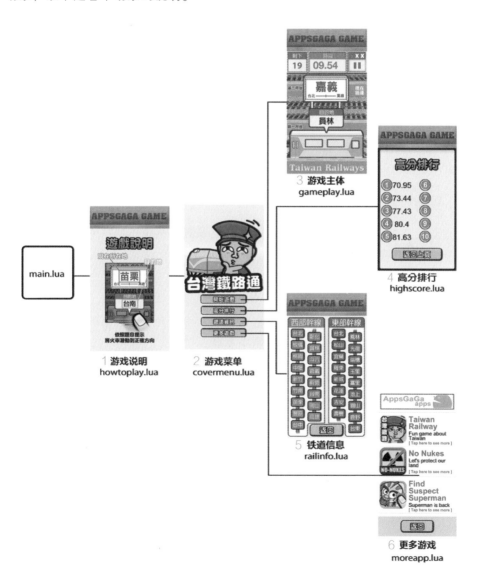

3 游戏主体
gameplay.lua

4 高分排行
highscore.lua

1 游戏说明
howtoplay.lua

2 游戏菜单
covermenu.lua

5 铁道信息
railinfo.lua

6 更多游戏
moreapp.lua

（1）游戏说明（howtoplay.lua）

首先从 main.lua 进入 howtoplay.lua，这个场景是向使用者解释如何玩游戏的画面，点击屏幕后进入游戏菜单。

（2）游戏菜单（covermenu.lua）

游戏菜单的画面由 covermenu.lua 这个文件负责产生。这个画面上面的四个按钮分别会链接到不同的场景。

（3）游戏主体（gameplay.lua）

游戏主体主要在 gameplay.lua 文件中设定，在游戏菜单按下"开始游戏"的按钮后，就会从 covermenu.lua 文件，转换到执行 gameplay.lua 文件，开始进行游戏。

（4）高分排行（highscore.lua）

在游戏选单按下"高分排行"按钮之后，会从游戏菜单，也就是 covermenu.lua 文件，转换到高分排行画面。

（5）铁道信息（railinfo.lua）

在游戏菜单按下"铁道信息"按钮后，就会从游戏菜单跳到铁道信息的画面。railinfo.lua 负责产生铁道信息这个画面。

（6）更多游戏（moreapp.lua）

在游戏菜单中按下"更多游戏"的按钮后，程序会从游戏菜单进入更多游戏的页面，也就是执行 moreapp.lua 这个文件。

在这个章节里面，要分别介绍这些文件的程序代码。在开始介绍个别的文件之前，要先介绍 Corona SDK 的 storyboard 函数库，了解了这个函数库之后，再正式进入"台湾铁路通"的程序开发。

9-2 storyboard 函数库

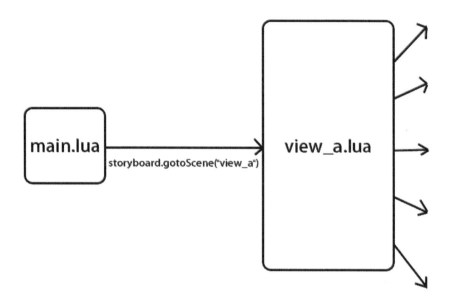

main.lua
storyboard.gotoScene("view_a")
view_a.lua

如图，使用 storyboard 函数库的话，程序还是由 main.lua 文件开始执行。不过进入 main.lua 之后，程序会马上利用 storyboard 跳转到下一个真的有画面的文件。在每个支持 storyboard 的文件里，会有下列和 storyboard 相关的程序代码。

① 首先要引入 storyboard 函数库。

② 从 storyboard 增加新的场景（scene）。

③ 声明新的显示群组（displayGroup），把上一步骤从 storyboard 产生出来场景（scene) 的画面（view)，指派给这个显示群组。

④ 选择性实训 storyboard scene 的四个方法。

⑤ 在场景（scene) 中选择性加入 4 个事件监听器（eventListener)。

⑥ 最后回传产生好的场景。

以下是正式写程序的时候大概的架构：

```
1   ─引入storyboard
2   local storyboard = require("storyboard")
3   local scene = storyboard.newScene()
4   local screenGroup
5
6   ─画面没到屏幕上时，先调用createScene，负责UI画面绘制
7   function scene:createScene(event)
8       screenGroup = self.view
9       ─要做什么事写在这里
10  end
11
12  ─画面到屏幕上时，调用enterScene，移除之前的场景
13  function scene:enterScene(event)
14      ─要做什么事写在这里
15  end
16
17  ─即将被移除，调用exitScene，停止音乐，释放音乐内存
18  function scene:exitScene()
19      ─要做什么事写在这里
20  end
21
22  ─下一个画面调用完enterScene、完全在屏幕上后，调用destroyScene
23  function scene:destroyScene(event)
24      ─要做什么事写在这里
25  end
26
27  scene:addEventListener("createScene", scene)
28  scene:addEventListener("enterScene", scene)
29  scene:addEventListener("exitScene", scene)
30  scene:addEventListener("destroyScene", scene)
31  return scene
```

在程序代码第 2 行先引入 storyboard 了函数库，接着在第 3 行从 storyboard 增加新的场景（scene）。在程序代码第 4 行先声明一个叫做 screenGroup 的变量，然后在 27 ~ 30 行加入 4 个事件监听器，再在 31 行回传场景。由于事前在 27 ~ 30 行加了四个事件监听器，所以会在不同的时候触发不同的事件。

（1）createScene

在产生场景的时候会执行程序代码 7 ~ 10 行的 createScene 函数。画面还没到屏幕上时，先调用 createScene，负责接口把画面绘制出来。

（2）enterScene

画面到屏幕上时，调用 enterScene，会执行程序代码的 13 ~ 15 行。这时候应该移除之前的场景，并且开始程序的进行。

（3）exitScene

场景要被移除的时候，由于在程序代码 29 行加入了事件监听器，所以会调用 18～20 行的 exitScene。这时候如果有背景音乐的话，要停止播放音乐，并且释放音乐内存。

（4）destroyScene

在下一个画面呼叫完 enterScene，完全出现在屏幕上后，会调用这个画面 23～25 行的 destroyScene。

以上是对于 storyboard 基本的介绍。接下来打开程序代码，用实训来做更多相关的解释。

9-3 程序解析：程序的进入点——main.lua

接下来要正式介绍"台湾铁路通"的游戏了。请找到本章文件夹里的 TWRailway 文件夹，请用文本编辑器打开这个文件夹里面的 main.lua 文件，看到下面的程序代码：

```
1  display.setStatusBar(display.HiddenStatusBar)
2
3  local storyboard = require("storyboard")
4  storyboard.gotoScene("howtoplay")
```

所有 Corona SDK 的程序都是从 main.lua 文件开始执行。由于之后要使用 storyboard.lua，所以程序的进入点、main.lua 写得很简单，先在第 1 行隐藏了状态栏。接下来在第 3 行引入 storyboard 函数库，并且用 storyboard 这个变量存起来。第 4 行使用 storyboard.gotoScene() 函数，将程序转换进入 howtoplay.lua。gotoScene() 是 storyboard 的函数，什么时候想要转换画面，就可以用它。而利用这行程序代码，程序就从 main.lua 到 howtoplay.lua 文件，进行游戏说明。

注意：

本章程序代码介绍请配合本章所附文件阅读。

9-4 程序解析：游戏说明页面——howtoplay.lua

程序从 main.lua 进入后，就直接通过 storyboard.lua 转换到 howtoplay.lua。这个页面就是在屏幕上贴一张底图，告诉玩家要如何玩游戏，点击屏幕后，就会进入游戏菜单 covermenu.lua 文件。

请用 Corona Simulator 打开 main.lua，就可以看到如上图的画面。接下来我们就要介绍这个画面是怎么做出来的。

（1）howtoplay.lua 页面声明变量

请先用文本编辑器打开文件夹的 howtoplay.lua 文件，看到程序代码的前 23 行如下：

```lua
1  local storyboard = require("storyboard")
2  local scene = storyboard.newScene()
3  local screenGroup
4  local language = "en"
5  local thisOS=system.getInfo("platformName")
6  if thisOS=="Android" then
7      print("Don't support Android")
8  else
9      language = userDefinedLanguage or system.getPreference("ui","language")
10     if language ~="zh-Hant" then
11         language = "en"
12     end
13 end
14 local changeSceneEffectSetting={
15     effect = "slideLeft",
16     time = 300,
17 }
18 local isIPhone5
19 if display.contentScaleX ==0.5 and display.contentScaleY == 0.5
20     and display.contentWidth == 320 and display.contentHeight == 568 then
21     isIPhone5 = true
22 end
23
```

首先引入 storyboard 函数库，接着在第 2 行从 storyboard 增加新的场景（scene）。在程序代码第 3 行先声明一个叫 screenGroup 的变量。之后会把 storyboard 中、产生出来场景的画面存在 screenGroup 里面。

程序代码的第 4 ～ 13 行，是和多语系相关的设定。先声明一个变量，用来储存手机所使用的语系。先在程序代码的第 4 行，设定变量 language 为英文。由于 Corona SDK 里面，只有 iOS 的程序支持多语系，Android 并没有，于是在程序代码的第 5 行确认是否为 iOS 系统，如果是的话，就执行程序代码 9 ～ 12 行的内容。第 9 行将储存语言的 language 变量，设定成和手机系统相同的语言。不过由于这个程序只支持繁体中文和英文，于是从第 10 行到第 12 行设定，如果不是繁体中文的话，就再把语系设成英文。经过这样设定，我们就可以在将来的程序里，支持英文和繁体中文两种语言。

程序代码 14 ～ 17 行，是页面转换的设定。通过这几行的程序代码，之后从游戏说明转换到游戏选单页面的时候，就会以 300 毫秒，也就是 0.3 秒的时间，用向左滑动的方式转换到下个画面。

程序代码的 18 ～ 22 行，在之前的章节有介绍过，是判断执行程序的手机是不是 iPhone5。

（2）howtoplay.lua 页面 storyboard 设定

howtoplay.lua 文件从 24 行之后，就是和 storyboard 相关的程序代码。请继续看下去：

```
24  -- ***************************** --
25  -- ******** storyboard ********* --
26  -- ***************************** --
27  --画面没到屏幕上时，先调用 createScene，负责UI画面绘制
28  function scene:createScene(event)
29      print ("***** howToPlay createScene event*****")
30      screenGroup = self.view
        --中间省略
54  end
55
56  function scene:enterScene(event)
57      print("***** howToPlay enterScene event *****")
58  end
59  function scene:exitScene()
60      print("***** howToPlay exitScene event *****")
61  end
62  function scene:destroyScene(event)
63      print("***** howToPlay destroyScene event *****")
64  end
65  scene:addEventListener("createScene", scene)
66  scene:addEventListener("enterScene", scene)
67  scene:addEventListener("exitScene", scene)
68  scene:addEventListener("destroyScene", scene)
69  return scene
```

程序代码在 65 ～ 68 行对于场景加了四个事件监听器，在场景发生不同事件的时候，会分别执行上面的四个函数。最后在程序的 69 行回传场景，让场景出现在屏幕上。

当画面还没出现到屏幕上之前，会调用程序代码 28 ～ 54 行的 createScene 绘制屏幕上各个元素。其中程序代码 30 行，把从 storyboard 产生出来场景（scene）的画面（view），指派给在程序代码第三行就声明的变量 screenGroup。screenGroup 是一个显示群组，之后就把所有要显示的图片放进这个显示群组里，在画面出现屏幕上的瞬间，所有在这个群组的图片都会一起出现。在移除的时候，Corona SDK 也可以同时移除这些图片使用的存储空间。

```
● ● ●          🏠 apple — Corona Terminal — Corona Simulator — 89×24        ↖↗

2013-06-21 10:56:50.984 Corona Simulator[289:f03]
Copyright (C) 2009-2013 C o r o n a   L a b s   I n c .
2013-06-21 10:56:50.984 Corona Simulator[289:f03]          Version: 2.0.0
2013-06-21 10:56:50.984 Corona Simulator[289:f03]          Build: 2013.1076
2013-06-21 10:56:50.986 Corona Simulator[289:f03] The file sandbox for this project is lo
cated at the following folder:
     (/Users/apple/Library/Application Support/Corona Simulator/TWRailwaySample-0D7BE1
B1FE22656898D0FF7EA4F38360)
2013-06-21 10:56:50.989 Corona Simulator[289:f03] Anti-aliasing is not supported and has
been disabled.
2013-06-21 10:56:51.407 Corona Simulator[289:f03] ***** howToPlay createScene event*****
2013-06-21 10:56:51.418 Corona Simulator[289:f03] ***** howToPlay enterScene event *****
```

接着画面进入屏幕上的时候，会执行 enterScene。由于程序代码 29 行和 57 行希望在产生画面和当画面在屏幕上时印出文字，所以执行程序看到游戏说明画面的话，会看到终端机印出我们所想要印出的东西。

由于在程序代码的 67 行对场景加入 exitScene 的事件监听器，所以当场景要退出的时候，会执行 59 ～ 61 行的程序代码。同理，在下个场景在屏幕上之后'这个场景会执行 62 ～ 64 行的 destroyScene() 函数。

（3）howtoplay.lua 页面 createScene 绘制屏幕

```
28  function scene:createScene(event)
29      print ("***** howToPlay createScene event*****")
30      screenGroup = self.view
31      --加入背景
32      local backgroundImage
33      if isIPhone5 then
34          backgroundImage =
35          display.newImageRect("HowToPlayBackgroundiPhone5_"..language..".png",320,568)
36          backgroundImage.x = 160
37          backgroundImage.y = 284
38      else
39          backgroundImage =
40          display.newImageRect("HowToPlayBackground_"..language..".png",320,480)
41          backgroundImage.x = 160
42          backgroundImage.y = 240
43      end
44
45      local removeBody = function(event)
46          local phase = event.phase
47          if "began" == phase then
48              storyboard.gotoScene("covermenu",changeSceneEffectSetting)
49          end
50          return true
51      end
52      backgroundImage:addEventListener("touch", removeBody)
53      screenGroup:insert(backgroundImage)
54  end
```

如上程序代码，createScene 负责绘制屏幕。32 ~ 43 行程序代码依照执行程序的装置是否为 iPhone5 而产生不同的背景图，在程序代码的 53 行，把背景加进 screenGroup 这个显示群组里面。而程序代码 52 行，帮背景图加上一个触控监听器。因为这样的设定，于是使用者碰到背景图之后，就会执行 45 ~ 51 行的 removeBody() 函数。

removeBody 函数主要做的是就是在按下屏幕背景图的时候，用 gotoScene() 函数，将程序从现在的 howtoplay.lua 文件，转换到 covermenu.lua，也就是游戏菜单画面。完成游戏的第一个画面，以一张底图显示游戏玩法，在用户按到图片以后，就进入了另外的游戏菜单画面。

HowToPlayBackgroundiPhone5_en.png

HowToPlayBackgroundiPhone5_zh-Hant.png

（4）howtoplay.lua 页面支持多语系图片显示

程序代码 34 ~ 35 行是在产生放在屏幕上的底图，这边不一样的写法是在图片名称的地方。程序在稍早执行完 5 ~ 13 行的时候，就把执行程序装置的默认语言存 在 language 的变量里。language 这个变量在 13 行以后，不是英文（en）就 是繁体中文（zh-Hant）。所以在程序代码 35 行产生底图的时候，把图片的名称写成 "HowToPlayBackgroundiPhone5_".. language.."".png" 的话，如果目前装置默认语言是英文，就会读到上图左边的 HowToPlayBackground-iPhone5_ en.png；如果默认语言是中文，则会读到上图右边的 HowToPlayBackground_iPhone5_zh-Hant.png。用这样的设定，就可以让 Corona SDK 里面显示的图片支持多语系。

以上介绍完游戏说明这个页面，了解 Corona SDK 里 storyboard 函数库的运作方式，也知道怎么在程序里支持多语系的图片。接下来要介绍的是游戏菜单的画面。

9-5 程序解析：游戏菜单页面——covermenu.lua

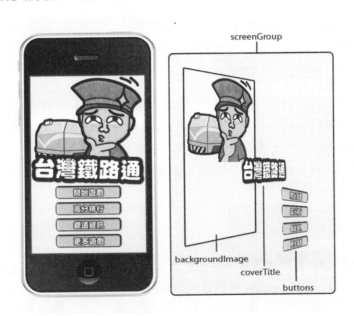

用户在游戏说明页面点击屏幕后，就会进入游戏菜单 covermenu.lua 文件。游戏菜单的画面由几个元素组成：首先先加入的是背景，接下来加入标题，最后加入四个按键。按到不同的按键会让程序从 covermenu.lua 链接到不同的画面中。以下来详细解释 covermenu.lua 的程序代码。

（1）covermenu.lua 页面声明变量

用文本编辑器打开 covermenu.lua 文件，程序代码 29 行以前是变量的声明与各种设定。

```
1   local ui = require("ui")
2   local storyboard = require("storyboard")
3   local scene = storyboard.newScene()
4   local screenGroup
5   local language = "en"
6   local thisOS=system.getInfo("platformName")
7   if thisOS=="Android" then
8       print("Don't support Android")
9   else
10      language = userDefinedLanguage or system.getPreference("ui","language")
11      if language ~="zh-Hant" then
12          language = "en"
13      end
14  end
15  local isIPhone5
16  if display.contentScaleX ==0.5 and display.contentScaleY == 0.5
17      and display.contentWidth == 320 and display.contentHeight == 568 then
18      isIPhone5 = true
19  end
20  local coverTitle
21  local backgroundMusic = audio.loadStream("BackgroundMusic.mp3")
22  local buttonPressedSound = audio.loadSound("ButtonPressed.mp3")
23  local addMenu
24  local addLabel
25  local changeSceneEffectSetting={
26      effect = "slideLeft",
27      time = 300,
28  }
29
```

因为在这个画面要加入四个按钮，所以在刚开始就引入 ui.lua 文件。程序代码 2 ~ 4 行是引入 storyboard 以及其他后续的设定。程序代码 5 ~ 14 行则是多语系的判断，如果是 iOS 的装置，并且默认语言是繁体中文的话，变量 language 里面存入的值是 "zh-Hant"（繁体中文）；如果是其他状况的话，存入的值就是 "en"，显示的各种图片就是英语系的图片。

程序代码 15 ~ 19 行判断执行程序的装置是否为 iPhone5。20 行声明变量 coverTitle，这个图片之后会加到屏幕上面。程序代码 21 ~ 22 行汇入了背景音乐和音效，23 行及 24 行则是声明之后会用到的两个函数：

addMenu 函数会加上四个按钮，addLabel 函数则是加入游戏的标题。

程序代码 25 ~ 28 行是设定如何转换下个场景：根据内容，会以 0.3 秒的时间，用向左滑动的效果，转换到下个场景。

（2）covermenu.lua 页面 storyboard 设定

看完声明变量的部分后，请先跳到 173 行，看到 covermenu.lua 页面里和 storyboard 设定。

```
173  -- ****************************** --
174  -- ********* storyboard ********* --
175  -- ****************************** --
176  --画面没到屏幕上时，先调用createScene，负责UI画面绘制
177  function scene:createScene(event)
178      print ("***** mainmenu createScene event *****")
⋮        --中间省略
195  end
196
197  --画面到屏幕上时，调用enterScene，移除之前的场景
198  function scene:enterScene(event)
199      print("***** mainmenu enterScene event *****")
200      storyboard.removeScene("gameplay")
201      storyboard.removeScene("howtoplay")
202      storyboard.removeScene("moreapp")
203      storyboard.removeScene("highscore")
204      storyboard.removeScene("railinfo")
205      audio.play(backgroundMusic,{loops=-1})
206  end
207
208  --即将被移除，调用exitScene，停止音乐，释放音乐内存
209  function scene:exitScene()
210      print("***** mainmenu exitScene event *****")
211      audio.stop()
212      audio.dispose(backgroundMusic)
213      backgroundMusic = nil
214      audio.dispose(buttonPressedSound)
215      buttonPressedSound = nil
216  end
217
218  --下一个画面调用完enterScene、完全在屏幕上后，调用destroyScene
219  function scene:destroyScene(event)
220      --要做什么事写在这里
221      print("***** mainmenu destroyScene event *****")
222  end
223
224  scene:addEventListener("createScene", scene)
225  scene:addEventListener("enterScene", scene)
226  scene:addEventListener("exitScene", scene)
227  scene:addEventListener("destroyScene", scene)
228  return scene
```

首先 224 ~ 227 行对场景增加了事件监听器之后，在程序代码的 228 行把场景回传，让场景显示在屏幕上。由于加上事件监听器，于是在场景发生各种事件时，会调用相对应的方法：产生场景时，执行 createScene() 函数；画面到屏幕上时，执行 enterScene() 函数；画面即将被移除时，调用 exitScene()；最后画面要被消灭时，会执行 destroyScene() 函数。

enterScene() 函数里，要移除之前的场景，并且做出屏幕移动到画面之

后要做的事情。程序代码 205 行播放了背景音乐。而由于进入游戏菜单之前的场景可能 b 是 gameplay.lua，可能是 howtoplay.lua，可能是 moreapp.lua，可能是 highscore.lua，也可能是 railinfo.lua，所以程序代码的 200 ~ 204 行要用 storyboard.removeScene() 来移除之前的场景。

```
● ● ●              apple — Corona Terminal — Corona Simulator — 89×24
2013-06-21 15:24:02.164 Corona Simulator[289:f03]
Copyright (C) 2009-2013  C o r o n a   L a b s   I n c .
2013-06-21 15:24:02.164 Corona Simulator[289:f03]       Version: 2.0.0
2013-06-21 15:24:02.165 Corona Simulator[289:f03]       Build: 2013.1076
2013-06-21 15:24:02.166 Corona Simulator[289:f03] The file sandbox for this project is lo
cated at the following folder:
        (/Users/apple/Library/Application Support/Corona Simulator/TwRailwaySample-0D7BE1
B1FE22656898D0FF7EA4F38360)
2013-06-21 15:24:02.169 Corona Simulator[289:f03] Anti-aliasing is not supported and has
been disabled.
2013-06-21 15:24:02.583 Corona Simulator[289:f03] ***** howToPlay createScene event*****
2013-06-21 15:24:02.593 Corona Simulator[289:f03] ***** howToPlay enterScene event *****
2013-06-21 15:48:47.776 Corona Simulator[289:f03] ***** howToPlay exitScene event *****
2013-06-21 15:48:47.846 Corona Simulator[289:f03] ***** mainmenu createScene event *****
2013-06-21 15:48:48.202 Corona Simulator[289:f03] ***** mainmenu enterScene event *****
2013-06-21 15:48:48.202 Corona Simulator[289:f03] ***** howToPlay destroyScene event ****
```

如上图，由于这时候移除了场景，所以第一次执行程序到这个画面的时候，可以看到终端机写着 howToplay destroyScene event，确定这时 howtoplay.lua 的画面已经被移除了。从终端机的页面，也可以知道这些文件和函数的执行顺序。

程序代码的 209 ~ 216 行是 exitScene() 函数。因为这个画面有音乐的元素，所以在场景即将离开屏幕之前，要先在 211 行停止音乐的播放，212 ~ 215 行用 audio.dispose() 和把变量指向 nil 的方式，把这个画面音乐占用的内存给释放掉。

（3）covermenu.lua 页面 createScene 函数

createScene() 负责画面的绘制，请看下面的程序代码。

```
177  function scene:createScene(event)
178      print ("***** mainmenu createScene event *****")
179      screenGroup = self.view
180      local backgroundImage
181      if isIPhone5 then
182          backgroundImage =
183          display.newImageRect("CoverMenuBackgroundiPhone5.png",320,568)
184          backgroundImage.x = 160
185          backgroundImage.y = 284
186      else
187          backgroundImage =
188          display.newImageRect("CoverMenuBackground.png",320,480)
189          backgroundImage.x = 160
190          backgroundImage.y = 240
191      end
192      screenGroup:insert(backgroundImage)
193      addLabel()
194      addMenu()
195  end
```

先在 180 ～ 192 行产生背景之后，在 193 行调用 addLabel() 把游戏的标题贴入，继续在 194 行调用 addMenu() 把游戏选单的按钮贴上。

注意：

把绘制画面的程序代码包成函数，做有意义的命名，并且写在 createScene() 的外面，可以让 creatScene() 函数变得很干净很清爽，阅读程序代码的时候，也比较清楚程序代码的流程与意义。

（4）covermenu.lua 页面 addLabel() 函数

addLabel() 函数负责把游戏的标题放到屏幕上。由于在 createScene() 函数中，是写在背景产生程序代码的后面，所以在 addLabel 产生的标题，会在背景图的上一层。

```
148  -- ******************************* --
149  -- ******** add  label ********* --
150  -- ******************************* --
151  addLabel = function()
152      coverTitle = display.newImageRect("CoverTitle_"..language..".png",318,124)
153      if isIPhone5 then
154          coverTitle.x = 160
155          coverTitle.y = 295
156      else
157          coverTitle.x = 160
158          coverTitle.y = 240
159      end
160
161      local function labelAnimation()
162          local labelRotation = function()
163          transition.to( coverTitle, { time=800,
164           rotation = 2, onComplete=labelAnimation })
165          end
166          transition.to( coverTitle, { time=800,
167           rotation = -2, onComplete=labelRotation })
168      end
169      labelAnimation()
170      screenGroup:insert(coverTitle)
171  end
```

先在程序代码 152 行产生标题 coverTitle，并且利用 153 ～ 159 行的设定，将标题放到正确的位置。170 行把 coverTitle 加进这个场景的显示群组 screenGroup 中。这边要注意的是 169 行调用了 labelAnimation() 函数，而 161 ～ 168 行的 labelAnimation() 函数。会让 coverTitle 标题不停地左右摇动。先会执行 166 ～ 167 行的程序代码。利用 transition.to() 函数，让 coverTitle 在 0.8 秒内稍稍旋转 2 度，做完这样的动作后，执行上面的 labelRotation() 函数。

labelRotation() 函数则是让 coverTitle 在 0.8 秒内稍稍旋转回 2 度，

做完这样的动作后，又重新执行 labelAnimation。用这样的方式，就可以让 coverTitle 标题不停地左右摇动，造成游戏活泼的氛围。

（5）covermenu.lua 页面 addMenu() 函数

下页程序，页面 addMenu() 函数负责在画面上加上四个按钮，分别是下面程序代码里 34 行声明的 playBtn、35 行的 highScoreBtn、36 行声明的 infoBtn 与 37 行宣告的 moreAppBtn。

程序代码 38 ~ 44 行确认 verticalPadding 和 startingY 这两个变量的数值，这两个变量是之后摆设按键时的坐标值。接下来就是制作出四个按钮。由于这四个按钮基本上都差不多，只是外观的图形和按下按钮会链接的文件不同，所以只介绍第 一个按钮。

程序代码的第 54 行开始用 ui.lua 产生出 playBtn，63 行和 64 行调整按钮位置后，在程序代码的 65 行把这个按键加进这个场景的显示群组 screenGroup 里。由于 61 行设定 onEvent 按到按键要执行 onPlayTouch() 函数，所以按到按键后会执行 54 ~ 62 的程序代码。在按下时发出按钮的声音，按完后用 storyboard. gotoScene() 函数，把程序从现在的 covermenu.lua 转到 gameplay.lua 文件，开始主要的游戏场景。

程序代码 75 行调用 playBtnAnimation() 函数，于是程序这时回去执行程序代码 67 ~ 74 行，让按键不停地做放大缩小的效果。而其他的按键分别会在按下时跳转到不同的文件，请读者参考本书范例中的程序代码。

```
30   -- ***************************** --
31   -- ********** add menu ********** --
32   -- ***************************** --
33   addMenu = function()
34       local playBtn
35       local highScoreBtn
36       local infoBtn
37       local moreAppBtn
38       local verticalPadding = 44
39       local startingY
40       if isIPhone5 then
41           startingY = 371
42       else
43           startingY = 315
44       end
45
46       local onPlayTouch = function(event)
47           if event.phase =="press" then
48               audio.play(buttonPressedSound)
49           end
50           if event.phase == "release" then
51               storyboard.gotoScene("gameplay",changeSceneEffectSetting)
52           end
53       end
54       playBtn = ui.newButton{
55           defaultSrc = "CoverMenuButton1_"..language..".png",
56           defaultX=185,
57           defaultY=37,
58           overSrc = "CoverMenuButton1Pressed_"..language..".png",
59           overX=185,
60           overY=37,
61           onEvent = onPlayTouch
62       }
63       playBtn.x = 160
64       playBtn.y = startingY
65       screenGroup:insert(playBtn)
66
67       local function playBtnAnimation()
68           local playBtnScaleUp = function()
69               transition.to( playBtn, { time=150, xScale = 1,
70                   yScale=1, onComplete=playBtnAnimation })
71           end
72           transition.to( playBtn, { time=150, xScale = 1.06,
73               yScale=1.06, onComplete=playBtnScaleUp })
74       end
75       playBtnAnimation()
76
   ⋮       -- 中间省略
146  end
```

这样完成游戏菜单的页面。

9-6 程序解析：游戏主体页面——gameplay.lua

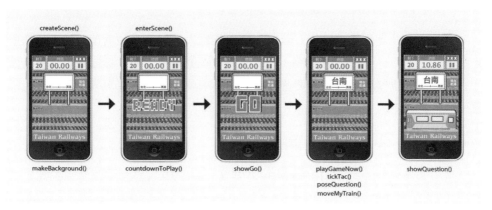

接下来要进入游戏主体的介绍，首先分析各画面在做什么。如上图，游戏主体（gameplay.lua）文件一开始在 createScene() 函数里，执行 makeBackground() 函数，把程序里会用到的图片全部都贴在屏幕上。接着在画面移上屏幕时，开始执行 countdownToPlay() 函数，显示 READY 字样，提醒玩游戏的人该准备玩游戏了。然后在 showGo() 函数里显示 Go 字样，结束之后执行 playGameNow() 函数，开始用 tickTak() 函数计时，并且产生游戏的问题与答案。这些准备工作都做好的话，就执行 moveMyTrain() 函数，把火车车厢图片移进屏幕里。

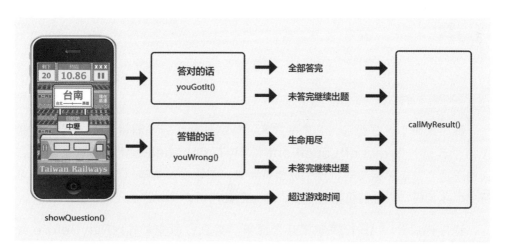

火车车厢图片移进车厢后，用 showQuestion() 函数显示题目，准备接收使用者输入的答案。如果正确的话，会执行 youGotIt() 函数；如果错误的话，会执行 youWrong() 函数。在还没答完题的状况下，游戏会继续出题。如果完

215

成游戏，或是生命耗尽就会执行 callMyResult() 函数，把游戏结束的画面显示出来。之后再决定要重玩或是回到选单页面。

以上就是游戏主体的解析。做游戏其实不难，想好游戏的画面，把出现的图片放到屏幕上，分析程序的流程，把游戏的流程画成一张图，标注每个画面要做什么事情，再用程序代码把想要达到功能写出来就完成了。以下来看看怎么用程序代码，把上面想要达到的功能一一完成。

（1）gameplay.lua 页面声明变量 1

请用文本编辑器打开 gameplay.lua 文件。程序代码一开始是很多变量的声明。

```
1   local ui = require("ui")
2   local storyboard = require("storyboard")
3   local scene = storyboard.newScene()
4   local screenGroup
5   require('bmf')
6   local myleftLabelFont = bmf.loadFont('LeftLabelFont.fnt')
7   local myTimeLabelFont = bmf.loadFont('TimeLabelFont.fnt')
8   math.randomseed(os.time())
9   local hasPlayBefore = false
10  local canSwipe = false
11  local isPause = true
12  local lifeNumber = 3
13  local myTime =0
14  local originalTime = 0
15  local oneSecond = 1
16  local leftNumber = 20
17  local iPhone5AddOn
18  local rightGesture
19  local destinationStation
20  local rightNowStation
21  local eastOrWest
22  local myTimerStartToGo
23  local highScoreTable
```

程序代码 1 ~ 8 行汇入几个函数库。其中 5 ~ 7 行是利用 bmf 函数库，制作两个分别叫做 myLeftLabelFont 和 myTimeLabelFont 的客制化字型。而由于这个游戏里需要随机数生成随机题目，于是在产生随机数之前，要用第 8 行的程序代码，设定随机数种子数，让之后使用时，可以产生不同的随机数表。

程序代码 9 ~ 16 行声明了几个变量。第 9 行的变量 hasPlayBefore 储存着是否是第一次玩游戏。由于刚开始执行程序，所以算是第一次玩这个游戏，hasPlayBefore 是 false。第 10 行的变量 canSwipe，储存程序是否要处理接受玩家滑动屏幕的动作。第 11 行的变量 isPause，用来储存游戏是否是处于暂停状态。

变量 lifeNumber 储存了玩家还有多少生命值，变量 myTime 则是储存玩游戏经过的时间。接下来在程序代码第 14 行声明的变量 originalTime，与第 15 行声明的变量 oneSecond 在游戏计时的机制会用到，而程序代码第 16 行的 leftNumber 是每回玩游戏要回答的题目数。

程序代码的 17 ～ 23 行是另外的变量：第 17 行的变量 iPhone5AddOn 单纯是在之后摆放图形位置的时候，各图片在 iPhone5 装置往下的偏移量。第 18 行的 rightGesture 变量即将储存的是游戏中每次出题的正确答案。destinationStation 用来储存每次题目中的火车目的地，rightNowStation 储存的则是每次题目中火车的所在地。程序代码 21 行声明的 eastOrWest 变量用来储存每次题目中火车是东部干线还是西部干线。myTimerStartToGo 这个变量比较特别，储存的是某个定时器的动作，之后在解释程序代码的时候，会再详细介绍。highScoreTable 变量则是用来储存高分榜的分数。

（2）gameplay.lua 页面声明变量 2

接下来声明的变量，是显示对象和函数，请看上面的程序代码。程序代码的 24 ～ 39 行，声明了很多显示物件，放在页面上如下图：

```
24   local leftLabel
25   local timeLabel
26   local lifeIcon1
27   local lifeIcon2
28   local lifeIcon3
29   local pauseButton
30   local bigBlueDestination
31   local smallBlueDestination
32   local trainImage
33   local destinationBoard
34   local blackDestination
35   local platformImage
36   local ready
37   local go
38   local rightOrWrong
39   local resultGroup
40   local callMyResult
41   local countdownToPlay
42   local showGo
43   local playGameNow
44   local poseQuestion
45   local backToMenu
46   local saveRecord
47   local loadRecord
48   local shuffleMyArray
49   local moveMyTrain
50   local tickTac
51   local youGotIt
52   local youWrong
```

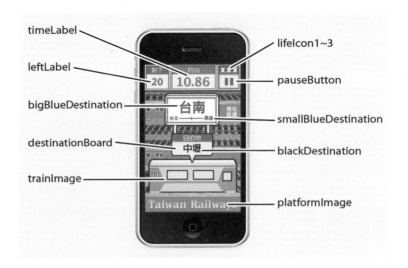

第 24 行的 leftLabel 是显示还剩下的题目数，timeLabel 显示游戏进行的时间，leftIcon1 ~ 3 分别是游戏的三个生命数，pauseButton 是暂停键。bigBlueDestination 是上图蓝色的所在地字样，smallBlueDestination 是右边小的蓝色站名。trainImage 代表的是火车图片，destinationBoard 是显示目的地的广告牌，blackDestination 是目的地广告牌上的目的地。

platformImage 是月台的图片，ready 代表稍后要显示的 READY 字样，程序代码第 37 行的 go 变量则是代表着稍后要显示的 GO 字样。rightOrWrong 代表答对的圈以及答错的叉，resultGroup 则是游戏结束或是暂停时要秀出的显示群组。 以上是显示对象变量的部分。

程序代码的 40 ~ 52 行声明的变量是程序中会用到的各种函数名称。程序代码 40 行的 callMyResult 会在游戏结束或是暂停时，把上行程序代码的 resultGroup 显示群组从屏幕上方滑入。countdownToPlay 函数在 enterScene() 被调用，显示 READY 字样，showGo 函数负责显示 GO 字样，playGameNow 函数则开始计算游戏时间，并且调用 poseQuestion()。poseQuestion 函数产生问题与答案，并且调用 moveMyTrain()。

程序代码 45 行声明的 backToMenu 函数将把画面带回游戏菜单，saveRecord 函数储存高分成绩，loadRecord 函数读入高分成绩。shuffleMyArray() 负责随机产生问题，moveMyTrain 函数做的事情则是把火车图像移到屏幕上。

程序代码 50 行的 tickTac，为处理游戏的计时工作。如果玩家答对问题，则会调用 youGotIt 函数；如果玩家答错问题，则会调用 youWrong 函数。

（3）gameplay.lua 页面声明变量 3

声明变量的最后一部分从程序代码的 53 行到 80 行是引入音频文件，处理多语系与判断 iPhone5 的工作。

```
53  local backgroundMusic = audio.loadStream("TrainBackground.mp3")
54  local buttonPressedSound = audio.loadSound("ButtonPressed.mp3")
55  local readySound = audio.loadSound("Ready.mp3")
56  local goSound = audio.loadSound("Go.mp3")
57  local settingAlready = audio.loadSound("SettingAlready.mp3")
58  local rightAnswer = audio.loadSound("Right.mp3")
59  local ohNein = audio.loadSound("OhNein.mp3")
60  local wrongAnswer = audio.loadSound("WrongAnswer1.mp3")
61  local clickSound = audio.loadSound("Click1.mp3")
62  local trainEffect = audio.loadSound("TrainEffect.mp3")
63  local wrongNumberSound = audio.loadSound("WrongNumber.mp3")
64  local winSound = audio.loadSound("Win.mp3")
65  local language = "en"
66  local thisOS=system.getInfo("platformName")
67  if thisOS=="Android" then
68      print("Don't support Android")
69  else
70      language = userDefinedLanguage or system.getPreference("ui","language")
71      if language ~="zh-Hant" then
72          language = "en"
73      end
74  end
75
76  local isIPhone5
77  if display.contentScaleX ==0.5 and display.contentScaleY == 0.5
78      and display.contentWidth == 320 and display.contentHeight == 568 then
79      isIPhone5 = true
80  end
81
82  local changeSceneEffectSetting={
83      effect = "slideRight",
84      time = 300,
85  }
86
```

从程序代码的 53 行开始，一直到 64 行是引入不同的效果音频文件与背景声音文件。程式码的 65 行到 74 行是支持多语系的设定，而程序代码的 76 行到 80 行则是支持 iPhone5 的判断程序代码。最后在 82 ～ 85 程序代码设定离开页面回到游戏菜单的方式，会以 0.3 秒的时间，以向右滑动的方式回到游戏菜单 covermenu.lua 页面。

（4）用来储存高分的 saveRecord 函数

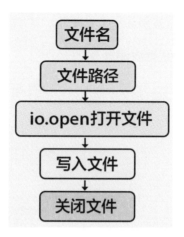

储存高分的时候要使用 saveRecord 函数来达到目的。87 ~ 99 行的 saveRecord() 接受两个参数：第一个是要存档的文件名；第二个是要存档的字符串。由于"台湾铁路通"这个游戏要存前 10 名的高分成绩，所以就分别以 highscore1 .data、highscore2.date... 到 highscore10.data 为文件名，把分数转换为字符串，分别调用十次 saveRecord()，把前十大高分成绩存起来。

调用 saveRecord 函数之后，会以文件名产生出文件路径，用 io.open() 函数打开路径的文件、把字符串写进文件中，再关闭文件。写成程序代码，如下所示。

```
87  saveRecord = function(strFileName, tableValue)
88      --will save speified value to specified file
89      local theFile = strFileName
90      local theValue = tableValue
91
92      local path = system.pathForFile(theFile, system.DocumentsDirectory)
93      -- io.open opens a file at path; returns nil if no file found
94      local file = io.open(path,"w+")
95      if file then
96          file:write(theValue)
97          io.close(file)
98      end
99  end
100
```

在程序代码 89 行及 90 行，分别声明两个变量：theFile 变量是要存盘的文件名，theValue 则是要存盘的字符串。程序代码的第 92 行，则是在手机程序的文件夹内，找到文件的路径，把这个路径存在变量 path 之中。有个文件路径之后，程序代码 94 行用 io.open() 函数打开文件，并在 96 行把字符串写入文件中。最后在 97 行关闭文件，完成储存的动作。

（5）用来读取高分的 loadRecord 函数

读取高分要用 loadRecord 函数来完成工作。程序代码 101 行到 121 行的 loadRecord() 需要一个参数，也就是文件名。输入文件名后，loadRecord 就会回传高分的成绩。在这个游戏里，highscore1.data 存的是最高分的成绩，所以如果从 highscore1.data 依序读取到 highscore10.data 的话，就可以把前 10 大的高分榜读出来了。

```lua
101  loadRecord = function(strFileName)
102      --will load specified file, or create new file if it doesn't exist
103      local theFile = strFileName
104      local path = system.pathForFile(theFile, system.DocumentsDirectory)
105      --io.open opens a file at path; returns nil if no file found
106      local file = io.open(path,"r")
107      if file then
108          --read all contents of file
109          local myValue = file:read( "*a" )
110          print("returnTable form loadRecord= " .. myValue)
111          io.close(file)
112          return myValue
113      else
114          --create file because it doesn't exist yet
115          local file = io.open(path,"w+")
116          file:write("99.99")
117          io.close(file)
118          local saveTable = "99.99"
119          return saveTable
120      end
121  end
122
```

读取高分的程序代码和储存高分的程序代码蛮像的，首先声明 theFile 变量，把要读取的文件名存在这个变量里面。接着在程序代码的 104 行，用文件名找出文件路径，并且在程序代码的 106 行试着打开文件。

如果在这个文件路径有存盘文件的话，则在 109 行把文件读出来存在 myValue 这个变量里面、在 110 行把存档的高分印出来，在程序代码的 111 行关闭文件，最后在 112 行回传高分的字符串。

如果在文件路径找不到存盘的话，这个范例的处理方就是在这个文件路径上建立一个文件，把 99.99 的字符串存进文件中，在程序代码的 117 行关闭文件，并且回传 99.99 这个最低成绩。

在介绍完变量声明与存取高分的两个函数后，请跳过下面的各种函数定义，直接先看和 storyboard 相关的设定。

注意：

"台湾铁路通"这个游戏是要在最短的时间内答完所有的题目，超过 99.99 秒就会因为超过规定时间而让游戏结束。所以如果没有可记录的高分的话，就会用 99.99 秒带入高分成绩中，当作预设的高分。

（6）gameplay.lua 页面中 storyboard 设定 1

在各种变量声明之后，程序真的开始运作是在 storyboard 设定的部分：

```
797  -- ***************************** --
798  -- ********* storyboard ********* --
799  -- ***************************** --
800  --画面没到屏幕上时，先调用 createScene，负责UI画面绘制
801  function scene:createScene(event)
802      print("***** gameplay createScene event *****")
803      screenGroup = self.view
804      makeBackground()
805  end
806
807  --画面到屏幕上时，调用enterScene，移除之前的场景
808  function scene:enterScene(event)
809      print("***** gameplay enterScene event *****")
810      storyboard.removeScene("covermenu")
811      highScoreTable = {}
812      for i=1,10 do
813          highScoreTable[i] =
814          tonumber(loadRecord("highscore" .. tostring(i) ..".data"))
815          print("highscore =  " .. highScoreTable[i])
816      end
817      countdownToPlay()
818      Runtime:addEventListener("touch", onSceneTouch)
819  end
820
```

在程序代码的最后，对场景加上了事件监听器，与回传场景之后，当制作场景、绘制接口的时候，会执行 801 ~ 805 行程序代码的 createScene 函数。其中程序代码 803 行，把从 storyboard 产生出来场景（scene) 的画面（view)，指派给在程序代码第四行就声明的变量 screenGroup。

在这个动作后，把所有绘制屏幕画面的方法写在 makeBackground 函数。调用 makeBackground() 来完成画面的绘制。makeBackground 函数有很多行的程序代码，在介绍完 storyboard 里的各个函数后，接着在书中介绍。

当画面到达屏幕上的时候，会执行 enterScene 函数。在这个函数里，先把之前的 covermenu.lua，用 storyboard.removeScene() 移除。接下来用 811 行的程序代码，产生出一个空表格（table），把这个表格存在之前声明的 highScoreTable 变量里。highScoreTable 即将储存游戏里 10 个高分数值。

程序代码 812 行到 816 行是一个 for 循环，用 highScorel.data 的名称，从 highScorel.data 一直到 highScore10.data，输入到之前介绍的 loadRecord 函数，把 10 个高分从程序的文件夹里读出来，并且分别存进 highScoreTame 这个表格里面。执行完之后，highScoreTable 就不只是一个空的表格，而是存有 10 个高分纪录的 table。

程序代码的 817 行调用 countdownToPlay 函数，显示 READY 图样，开始游戏。

程序代码 818 行则是在整个 Runtime 上加进触控监听器。任何时候使用者碰到屏幕，就会执行 onSceneTouch 函数。

注意

这边要注意的是，在程序代码 814 行，可以用 tostring() 函数，把数值转换成字符串；也可以用 tonumber() 函数，把字符串重新转换成数值。以上面的程序代码为例，第一次进入循环的时候，变量 i 等于 1，814 行 loadRecord 函数括号里的程序代码先把 $i=1$ 这个数值转换成字符串，再用 ".." 符号，前连接 highscore 字符串，后连接 .data 字符串。这样的设定下，循环变量 1 等于 1 的时候，tonumber 函数括号里面的程序代码，计算机就会处理成 loadRecord(highscore1.data)。而 loadRecord() 回传的数据是高分字符串，所以 814 行最后又用 tonumber() 函数，把字符串转回数值，再用指定运算符，把这样的数值存进等号左边的 highScoreTable[1] 里面。

（7）gameplay.lua 页面中 storyboard 设定 2

storyboard 接下来两个函数的设定比较简单。

由于 859 行加入了事件监听器，于是 gameplay 场景要离开屏幕的时候，会执行程序代码 822 ~ 849 行的 exitScene 函数。要离开屏幕的话，要先用 audio. stop() 函数，停止正在播放的背景音乐与音效，接着 825 行到 848 行的程序代码，用 audio.dispose() 和把变量指向 nil 的方式，把这个画面音乐占用的内存给 释放掉。

程序代码 852 行到 855 行的 destroyScene 函数，则是在画面要被回收被消灭之前，在终端机上印出文字。

```
821  --即将被移除，调用exitScene，停止音乐，释放音乐内存
822  function scene:exitScene()
823      print("***** gameplay exitScene event *****")
824      audio.stop()
825      audio.dispose(backgroundMusic)
826      audio.dispose(buttonPressedSound)
827      audio.dispose(readySound)
828      audio.dispose(goSound)
829      audio.dispose(settingAlready)
830      audio.dispose(rightAnswer)
831      audio.dispose(ohNein)
832      audio.dispose(wrongAnswer)
833      audio.dispose(clickSound)
834      audio.dispose(trainEffect)
835      audio.dispose(wrongNumberSound)
836      audio.dispose(winSound)
837      backgroundMusic = nil
838      buttonPressedSound = nil
839      ready = nil
840      go = nil
841      settingAlready = nil
842      rightAnswer = nil
843      ohNein = nil
844      wrongAnswer = nil
845      clickSound = nil
846      trainEffect = nil
847      wrongNumberSound = nil
848      winSound = nil
849  end
850
851  --下一个画面调用完enterScene、完全在屏幕上后，调用destroyScene
852  function scene:destroyScene(event)
853      --要做什么事写在这里
854      print("***** gameplay destroyScene event *****")
855  end
856
857  scene:addEventListener("createScene", scene)
858  scene:addEventListener("enterScene", scene)
859  scene:addEventListener("exitScene", scene)
860  scene:addEventListener("destroyScene", scene)
861  return scene
```

看完 storyboard 的介绍，大概知道程序进行的流程之后，接下来介绍其他各个文件里出现的函数。一开始是在绘制屏幕时，调用 createScene 函数里，真的负责总制画面的 makeBackground()。

（8）gameplay.lua 页面续制画面的 makeBackground 函数 1

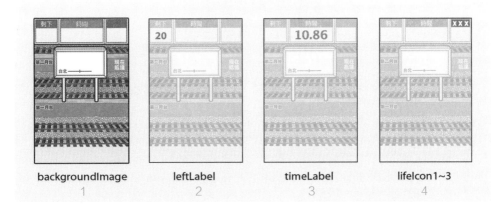

backgroundImage	leftLabel	timeLabel	lifeIcon1~3
1	2	3	4

① makeBackground() 负责绘制"台湾铁路通"游戏的画面，由于画面上的图片很多，于是分成三个部分来介绍。第一个部分介绍的是加入背景图，各种 字样与生命值，如上图由左至右慢慢加上游戏中的各个图片。

② 程序代码的 124 ~ 137 行加入背景图片，139 行用 bmf.newString()产生 leftLabel 的文字，在 140 行及 141 行重设大小为一半，142 行设定文字为置中显示，143 行及 144 行调整 leftLabel 的位置。

③ 程序代码的 146 ~ 151 行负责产生计时的文字 timeLabel；146 行用display. newText() 产生文字显示对象，148 行调整文字颜色为红色，149 行让文字置中对齐，150 行及 151 行调整 timeLabel 的位置。

④ 程序代码 153 ~ 167 行是加入三个生命标示 lifeIcon1、lifeIcon2 以

225

及 lifeIcon3。这三个变量其实分别是三个显示群组。以 lifeIcon1 为例，先在 153 行以 display.newGroup() 产生显示群组后，154 行产生图片、155 行把图片加入之前产生的显示群组中。最后在程序代码的 162 行到 163 行调整 lifeIcon1 显示群组的位置。其他的 lifeIcon2 和 lifeIcon3 也都是经过类似的设定，而显现在屏幕上。

```
123    local function makeBackground()
124        local backgroundImage
125        if isIPhone5 then
126            backgroundImage =
127            display.newImageRect("GamePlayBackgroundiPhone5.png",320,568)
128            backgroundImage.x = 160
129            backgroundImage.y = 284
130            iPhone5AddOn = 88
131        else
132            backgroundImage =
133            display.newImageRect("GamePlayBackground.png",320,480)
134            backgroundImage.x = 160
135            backgroundImage.y = 240
136            iPhone5AddOn = 0
137        end
138
139        leftLabel = bmf.newString(myleftLabelFont,"20")
140        leftLabel.xScale = 0.5
141        leftLabel.yScale = 0.5
142        leftLabel:setReferencePoint( display.CenterReferencePoint )
143        leftLabel.x = 40
144        leftLabel.y = 59 + iPhone5AddOn
145
146        timeLabel = display.newText("00.00",
147            100,34,128,80,native.systemFontBold,40)
148        timeLabel:setTextColor(255, 0, 0)
149        timeLabel:setReferencePoint( display.CenterReferencePoint )
150        timeLabel.x = 167
151        timeLabel.y = 72 + iPhone5AddOn
152
153        lifeIcon1 = display.newGroup()
154        local tmpImage1 = display.newImageRect( "XWhite.png", 15, 16 )
155        lifeIcon1:insert(tmpImage1)
156        lifeIcon2 = display.newGroup()
157        local tmpImage2 = display.newImageRect( "XWhite.png", 15, 16 )
158        lifeIcon2:insert(tmpImage2)
159        lifeIcon3 = display.newGroup()
160        local tmpImage3 = display.newImageRect( "XWhite.png", 15, 16 )
161        lifeIcon3:insert(tmpImage3)
162        lifeIcon1.x = 261
163        lifeIcon1.y = 18 + iPhone5AddOn
164        lifeIcon2.x = 281
165        lifeIcon2.y = 18 + iPhone5AddOn
166        lifeIcon3.x = 302
167        lifeIcon3.y = 18 + iPhone5AddOn
168
```

（9）gameplay.lua 页面绘制画面的 makeBackground 函数 2

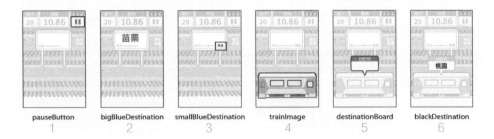

makeBackround 函数的第二部分，则是加入暂停按钮、火车车厢图，以及各种 和地名相关的字样。

① 程序代码的 169 ~ 187 行设定暂停按钮。先在程序代码 177 ~ 185 行产生暂停按钮，再在 186 ~ 187 行将暂停按钮移到正确的位置。由于 184 行的设定，于是按下暂停按钮会执行 169 行到 176 行的 onPauseBtnTouch 函数。onPauseBtnTouch 会让程序处于暂停的状态。程序暂停要做什么动作？会在执行到程序代码 171 行的时候，发出按钮按键的声音、172 行暂停背景音乐的播放、173 行停止计时，再在 174 行调用 callMyResult 函数，显示暂停的画面。

② 程序代码 189 ~ 194 行制作屏幕中间蓝色的所在地地名 bigBlueDestination。bigBlueDestination 是一个显示群组，在程序代码 190 行产生图片，191 行放进显示群组里。程序代码 192 ~ 193 行调整这个显示群组的位置，最后在放好这个显示群组之后，用 isVisible 的设定，把这个显示群组隐藏起来。

③ 程序代码 196 行到 200 行制作的是屏幕右方小小的蓝色地名 smallBlueDestination。程序代码 202 行到 206 行是负责产生火车的图片 trainImage。

④ smallBlueDestination 和 trainImage 变量都是显示群组，产生后调整位置，完成所要做的工作。

⑤ 程序代码 208 行到 212 行是产生目的地的广告牌 destinationBoard。destinationBoard 是一张图片，在程序代码 208 行到 209 行用 display.newImageRect() 产生，调整坐标后，再在程序代码的 212 行把这张图片隐藏起来。

227

⑥ 程序代码的 214 行到 219 行是和 blackDestination 相关的设定。blackDestination 是目的地广告牌上面的目的地字样，是一个显示群组，产生之后调整位置，并且在程序代码的 219 行把这个显示群组隐藏起来。

```
169    local onPauseBtnTouch = function(event)
170        if event.phase =="press" and isPause == false then
171            audio.play(buttonPressedSound)
172            audio.pause(8)
173            timer.cancel(myTimerStartToGo)
174            callMyResult(4)
175        end
176    end
177    pauseButton = ui.newButton{
178        defaultSrc = "PauseButton.png",
179        defaultX=67,
180        defaultY=47,
181        overSrc = "PauseButtonPressed.png",
182        overX=67,
183        overY=47,
184        onEvent = onPauseBtnTouch
185    }
186    pauseButton.x = 282
187    pauseButton.y = 55 + iPhone5AddOn
188
189    bigBlueDestination = display.newGroup()
190    local temBig = display.newImageRect( "16.png", 88, 43 )
191    bigBlueDestination:insert(temBig)
192    bigBlueDestination.x = 158
193    bigBlueDestination.y = 139 + iPhone5AddOn
194    bigBlueDestination.isVisible=false
195
196    smallBlueDestination = display.newGroup()
197    local tmpSmall = display.newImageRect( "1a.png", 29, 15 )
198    smallBlueDestination:insert(tmpSmall)
199    smallBlueDestination.x = 214
200    smallBlueDestination.y = 174 + iPhone5AddOn
201
202    trainImage = display.newGroup()
203    local tmpTrain =display.newImageRect( "Train1.png", 301, 130 )
204    trainImage:insert(tmpTrain)
205    trainImage.x = 480
206    trainImage.y = 372 + iPhone5AddOn
207
208    destinationBoard =
209    display.newImageRect( "Destination.png", 142, 99 )
210    destinationBoard.x = 158
211    destinationBoard.y = 272 + iPhone5AddOn
212    destinationBoard.isVisible = false
213
214    blackDestination = display.newGroup()
215    local temBlack = display.newImageRect( "12b.png", 60, 29 )
216    blackDestination:insert(temBlack)
217    blackDestination.x = 158
218    blackDestination.y = 273 + iPhone5AddOn
219    blackDestination.isVisible = false
220
```

注意：

　　火车图片 trainImage 这个显示群组，其实在程序代码里安放的 x 坐标是在 480，也就是屏幕的右边外面，其实看不到火车的图片。上图为了方便读者理解，所以把火车图片放在屏幕的中间。

（10）gameplay.lua 页面绘制画面的 makeBackground 函数 3

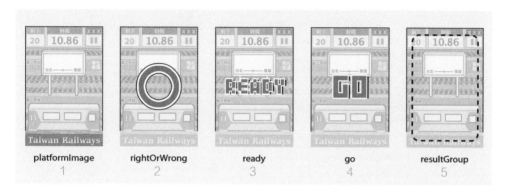

制作画面的 makeBackground 函数最后一部分的程序代码于下。

　　① 首先在程序代码的 221 行到 223 行加入月台的图片 platformImage，接下来是一个显示群组 rightOrWrong。在程序代码的 225 行用 display.newGroup() 函数产生显示群组，用指定运算符号 "="，把这个显示群组储存在 rightOrWrong 变量里面。

　　② 程序代码的 226 ～ 227 行产生了图片，并于 228 行放进 rightorWrong 这个显示群组里。程序代码 229 行到 230 行调整坐标位置，最后在 231 行，用 isVisible=false 的设定，把这个显示群组隐藏起来。

　　③、④程序代码的 225 ～ 240 行是两张图片的设定，分别是 READY 字样的变量 ready，与 GO 字样的 go 变量。这两个变量都是图片，设定好位置之后，在程序代码的 239 行与 240 行，把这两个图片隐藏起来。

　　⑤ 程序代码 242 ～ 249 行是 resultGroup 这个显示群组的设定。resultGroup 是游戏结束或是游戏暂停时会出现的画面。暂时先用 display.newGroup() 产生出来，并且把这个显示群组摆放在屏幕的上方外面。

```
221    platformImage = display.newImageRect( "Platform.png", 320, 62 )
222    platformImage.x = 160
223    platformImage.y = 449 + iPhone5AddOn
224
225    rightOrWrong = display.newGroup()
226    local tempRightOrWrong =
227    display.newImageRect("RightAnswer.png",188,188)
228    rightOrWrong:insert(tempRightOrWrong)
229    rightOrWrong.x= 160
230    rightOrWrong.y= 260 + iPhone5AddOn
231    rightOrWrong.isVisible = false
232
233    ready = display.newImageRect("Ready.png",245,68)
234    go = display.newImageRect("Go.png",150,99)
235    ready.x= 160
236    ready.y= 260 + iPhone5AddOn
237    go.x= 160
238    go.y= 260 + iPhone5AddOn
239    ready.isVisible = false
240    go.isVisible = false
241
242    resultGroup = display.newGroup()
243    if isIPhone5 then
244        resultGroup.x = 0
245        resultGroup.y = -568
246    else
247        resultGroup.x = 0
248        resultGroup.y = -480
249    end
250
251    screenGroup:insert(backgroundImage)
252    screenGroup:insert(leftLabel)
253    screenGroup:insert(timeLabel)
254    screenGroup:insert(lifeIcon1)
255    screenGroup:insert(lifeIcon2)
256    screenGroup:insert(lifeIcon3)
257    screenGroup:insert(pauseButton)
258    screenGroup:insert(bigBlueDestination)
259    screenGroup:insert(smallBlueDestination)
260    screenGroup:insert(trainImage)
261    screenGroup:insert(destinationBoard)
262    screenGroup:insert(blackDestination)
263    screenGroup:insert(platformImage)
264    screenGroup:insert(rightOrWrong)
265    screenGroup:insert(ready)
266    screenGroup:insert(go)
267    screenGroup:insert(resultGroup)
268 end
269
```

　　最后也是最重要的是，不要忘记把所有的显示群组及图片，利用
251 ~ 267 行 的程序代码，全部放进这个场景的 screenGroup 显示群组里
面。如果没有放进 screenGroup 群组中，在转换场景的时候，这些图形就不
会跟着场景一起移出画面，造成没有完全释放内存的问题。

（11）利用 isVisible 隐藏和显现图形

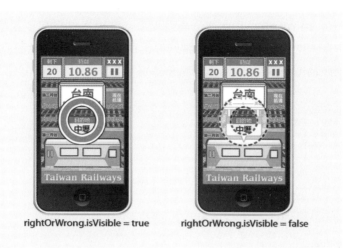

rightOrWrong.isVisible = true　　rightOrWrong.isVisible = false

在用 makeBackground 函数去绘制屏幕的过程中，可以看到很多的情况是放好了显示对象后，用 isVisible=false 把这个图形隐藏起来。这是一个很实用的小技巧，比方说上图的 rightOrWrong 图形，其实在 createScene()、绘制屏幕时就已经摆在屏幕上面了，先隐藏起来，等到玩家答题正确或错误的时候，再用 isVisible=true，把隐藏的图形重新显现出来。

(12) 利用 changeImage 来更换显示群组里的图案

rightOrWrong 显示群组

之前在 makeBackground 函数里，除了有背景、按钮以及图片外，还有很多显示群组。显示群组是图片的容器，可以放图片在里面，也可以把原图片抽出后，换新图到显示群组中。比方说 rightOrWrong 这个显示群组，本来里面放的是圆圈的图，需要的时候也可以把圆圈的图抽出，放进错误答案要显示的叉叉图片。利用这样的设定，可以用同一个变量、同一个显示群组，在里面更换不同的图片。在 gameplay.lua 这个画面里面，有很多这样需要变换图片的显示群组，于是为了更方便地改变这些显示群组的图片，在程序代码的391 ~ 416行写下 changeImage 这个函数来执行这样的工作。

```lua
391  changeImage = function (imageGroup,imgNumber,imgType)
392      local tempWidth
393      local tempHeight
394      if imgType ==1 then
395          tempWidth =88
396          tempHeight =43
397      elseif imgType ==2 then
398          tempWidth =60
399          tempHeight =29
400      elseif imgType ==3 then
401          tempWidth =29
402          tempHeight =15
403      elseif imgType ==4 then
404          tempWidth =301
405          tempHeight =130
406      elseif imgType ==5 then
407          tempWidth =188
408          tempHeight =188
409      elseif imgType ==6 then
410          tempWidth =15
411          tempHeight =16
412      end
413      imageGroup[1]:removeSelf()
414      local tempImg = display.newImageRect(imgNumber,tempWidth,tempHeight)
415      imageGroup:insert(tempImg)
416  end
```

changeImage 这个函数接受三个参数：第一个 imageGroup 为更换图片的显示群组；第二个 imgNumber 为显示图片的名称；最后 imgType 则是填入要更新图片的形态。图片的形态一共有6种：第一种是要换 bigBlueDestination 的图；第二种是要换 blackDestination 的图；第三种是要换 smallBlueDestination 的图；第四种是要换 trainImage 的图；第五种是要换 rightOrWrong 的图；第六种则是要换 lifeIcon1 ~ 3 的图。

进入函数之后，在394 ~ 412行程序代码中依形态而决定要更换的图片长宽之后，先在程序代码413行把原来在显示群组的图片 remove 删除后，再用 display. newImageRect 产生新的图片，最后把新的图片放进显示群组里，完成更换图片的任务。

（13）利用 iPhone5AddOn 变量调整屏幕图片的 y 坐标

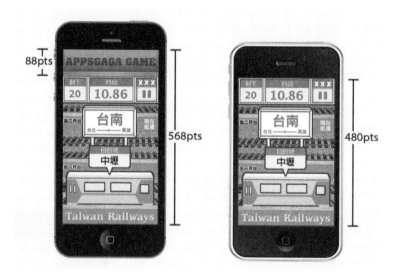

在 makeBackground 函数里，常出现利用 iPhone5AddOn 变量调整屏幕图片的 y 坐标的程序代码。从上图可以发现，如果 iPhone5 的接口设计如同本范例一样，只是多加了上方的装饰木条的话。iPhone5 屏幕上所有的图片位置的 y 坐标，其实是 iPhone4 或 iPhone3 屏幕坐标多加上 88 个 point 值。因为这样，所以使用 iPhone5AddOn 变量，让所有 iPhone5 的 y 坐标都移动到正确的位置。

（14）两种产生文字的方式

在 makeBackground 函数里有两种新的"产生文字的方式"分别是 Corona SDK 的 display.newText() 以及配合 bmGlyph 字型软件的 bmf. newString 函数。

Corona SDK 的 display.newText() 在 CH6 已经介绍过了，不过在"台湾铁路通"这个程序里面，display.newText() 这个函数里的参数多了两个，分别是第四个参数是文字的宽度，第五个参数是文字的高度。加上这两个参数以后，计时文字 timeLabel 的宽度和高度才会固定，没有加这两个参数的话，会发现文字会一直处于更新微微跳动的状态。

制作定制化字型对游戏来说很重要，有了正确的字型，才能让玩家感觉整个作品更有欢乐的游戏感觉。制作定制化可以通过很多不同的软件。如果使用 bmGlyph 这个字型软件的话，做出来的字型会是以后缀名 .fnt 结尾的字型文件。

如果要使用这样的字型文件，可以依照本章范例一样，在项目文件夹里放入字型文件与 bmf.lua 文件后，先引入 bmf 函数库（程序代码第 5 行）、再用 bmf.loadFont() 读入字型（程序代码第 6 行），要使用的时候，用 bmf.newString() 产生文字（程序代码第 139 行）。其中 bmf.newString() 的第一个参数要放的是字型变量，第二个参数则是放入要产生的文字内容。

以上算是完整地介绍完 storyboard 里，绘制屏幕 createScene() 中，主要负责放置界面的 makeBackground 函数。画面产生之后，画面进入屏幕后执行 enterScene()，调用 countdownToPlay 函数，开始游戏的进行。

（15）countdownToPlay 函数

countdownToPlay 函数负责显示 READY 字样：

```
280  countdownToPlay = function()
281      --play ready sound
282      audio.play(readySound)
283      --show ready
284      ready.xScale = 0.9
285      ready.yScale = 0.9
286      ready.isVisible = true
287      local removeImageOfReady =function()
288          showGo()
289          ready.isVisible=false
290          ready.alpha=1
291      end
292      local fadeImageOfReady =function()
293          transition.to(ready, {time=100, alpha=0,
294            xScale=1.5,yScale=1.5, onComplete = removeImageOfReady})
295      end
296      --first do this transition
297      transition.to(ready, {time=1500, alpha=1,
298        xScale=1.0,yScale=1.0, onComplete = fadeImageOfReady})
299  end
300
```

画面移到屏幕后，首先执行 countdownToPlay 函数，程序代码 282 行先播放 ready 的音效，把隐藏中的 READY 字样缩小到 0.9 倍的大小后，再在 286 行 用 isVisible=true 的设定，把 READY 的字样秀出来。接下来定义两个函数都还不会执行，先跳到 297 行执行 transition.to() 函数，在 1.5 秒的时间里面，把 READY 字样放大到原来的 1 倍大小，然后 执 行 fadeImageOfReady()，让 READY 字 样 在 0.1 秒 的 时 间 内，一面放大到 1.5 倍的大小，一面变成完全透明。这样的动作完毕后，执行 removeImageOfReady() 函数，调用下一个函数 showGo()，接着显示 GO 的字样以外，把代表 READY 字样的变量 ready 用 isVisible=false 隐藏起来，并且把透明度恢复成 1，也就是完全不透明。

（16）showGo 函数

shoeGo 函数负责显示 GO 字样：

```
301  showGo = function()
302      --play go sound
303      audio.play(goSound)
304      --show go
305      go.xScale = 0.9
306      go.yScale = 0.9
307      go.isVisible = true
308      local removeImageOfGo =function()
309          timer.performWithDelay(500,playGameNow) -- playgamenow
310          go.isVisible=false
311          go.alpha=1
312      end
313      local fadeImageOfGo =function()
314          transition.to(go, {time=50, alpha=0,
315          xScale=1.3,yScale=1.3, onComplete = removeImageOfGo})
316      end
317      --start fo fade go
318      transition.to(go, {time=300, alpha=1,
319       xScale=1.0,yScale=1.0, onComplete = fadeImageOfGo})
320  end
321
```

其实 showGo 函数和 countdownToPlay 函数做的事情差不多，只不过是程序码 303 行播放的音效是 GO 的音效，缩小、显示、放大、消失的是改成 GO 的图片，最后在程序代码 309 行里，设定在 0.5 秒之后执行 playGameNow 的函数。

（17）playGameNow 函数

在秀完 READY 和 GO 字样后，进入 playGameNow 函数。

```
322    playGameNow = function()
323        --make ready and go ready for next show up
324        ready.isVisible = false
325        ready.alpha = 1
326        go.isVisible = false
327        go.alpha = 1
328        myTimerStartToGo=timer.performWithDelay(1, tickTac,0)
329        if hasPlayBefore then
330            audio.resume(8)
331        else
332            audio.play(backgroundMusic,{channel=8,loops=-1})
333            hasPlayBefore = true
334        end
335        poseQuestion()
336    end
337
```

playGameNow 函数先把 ready 和 go 两个变量，也就是 READY 和 GO 两张图片隐藏起来，再把这两个图形的透明度改成不透明，为了下次显示这些图片做准备。程序代码 329 ~ 334 行做了判断来决定如何播放音乐，如果已经玩过游戏，重新再玩的话，就用 audio.resume() 继续播放背景音效；如果是第一次玩的话，就用 audio.play() 播放背景音效。程序代码 335 行调用 poseQuestion 开始准备问题。

比较值得注意的是，程序代码 328 行用 timer.performWithDelay() 每过 0.001 秒，执行一次 tickTac 函数，更改游戏的时间。这个函数其实会回传一个对象，把这个对象用 myTimerStartToGo 存起来，如果什么时候想要停止呼叫 tickTac() 的话，可以用像 173 行暂停按钮的程序代码 timer.cancel(myTimerStartToGo) 来停止执行。

（18）负责计时的 tickTac 函数

tickTac 函数负责游戏时间的计算与显示时间字体的更改。

```
338  tickTac = function(event)
339      myTime = event.count*0.03 + originalTime
340      if math.floor(myTime)>oneSecond then
341          audio.play(clickSound)
342          print("*********JUST PAST A SECOND*********")
343          oneSecond = oneSecond+1
344      end
345      local myTimeString
346      if myTime<10 then
347          myTimeString = "0"..tostring(myTime)
348      elseif myTime>=10 and myTime<100 then
349          myTimeString = tostring(myTime)
350      elseif myTime>=100 then
351          myTimeString = "99.99"
352          timeLabel.isVisible = false
353          leftLabel.isVisible = false
354          audio.play(wrongNumberSound)
355          callMyResult(2)
356          timer.cancel(myTimerStartToGo)
357          originalTime = myTime
358          isPause = true
359      end
360      timeLabel.text = myTimeString
361  end
362
```

首先用 339 行程序代码，把游戏进行到现在经过的时间计算出来，并且记录在 myTime 这个变量里面。程序代码 340 行用 math.floor() 函数，将 myTime 做无条件舍去小数后如果多增加了一秒钟，则在程序代码 341 行播放时间的音效，让玩游戏的人感觉到时间流逝的压迫感。并且把 oneSecond 变量多增加 1，以和时间 变量 myTime 再做比较。

程序代码的 345 行到 360 行负责把改变屏幕上时间的字样变量 timeLabel。如果时间进行没有超过 10 秒，则用程序代码 347 行补足，让 myTimeString 不管如何都有 5 个字符可以显示。如果时间超过 100 秒，代表超过游戏设定的时限 99.99 秒，这种情况则要执行 351 ~ 358 行程序代码，把时间设回 99.99 秒，隐藏显示时间的 timeLabel、隐藏题目数 leftLabel、播放时间不够的音效、调用 callMyResult() 显示游戏结束画面、停止调用 tickTac 函数，把 originalTime 变量也设成和 myTime 一样的数值。并且把 isPause 设成 true。让游戏处于暂停状态。

（19）负责出题的 poseQuestion 函数与 shuffleMyArray

{1,2,3,4,5,6,7,8,9,10,11,12,13,14,15}

↓

shuffleMyArray()

↓

{9,2,8,1,13,3,5,4,15,12,6,10,7,14,11}

destinationStation

rightNowStation

poseQuestion 函数负责游戏里出题的程序代码，算是游戏中最核心的部分。我们用 15 个数字代表游戏里的 15 个车站名称。出题要做的是，就是在这 15 个数字里随机挑不要重复的两个号码。如上图，为了达到所需的要求，先产生一个照顺序摆放的表格，混淆表格数据之后，再挑表格的前两个元素，就可以拿到 15 个数字里不重复的两个号码。写成程序代码的话，如下所示：

```
363  poseQuestion = function()
364      eastOrWest = math.random(2)
365      local tempStations = {1,2,3,4,5,6,7,8,9,10,11,12,13,14,15}
366      shuffleMyArray(tempStations)
367      for i=1,#tempStations do
368          print(tempStations[i])
369      end
370      if tempStations[1]>=10 then
371          rightNowStation = eastOrWest*100+tempStations[1]
372      else
373          rightNowStation = eastOrWest*10+tempStations[1]
374      end
375      if tempStations[2]>=10 then
376          destinationStation = eastOrWest*100+tempStations[2]
377      else
378          destinationStation = eastOrWest*10+tempStations[2]
379      end
380      if destinationStation>rightNowStation then
381          rightGesture = "right"
382      else
383          rightGesture = "left"
384      end
385      changeImage(smallBlueDestination,tostring(eastOrWest).."a.png",3)
386      changeImage(bigBlueDestination,tostring(rightNowStation)..".png",1)
387      bigBlueDestination.isVisible = true
388      moveMyTrain()
389  end
390
```

先在程序代码的第 364 行用 math.random(2) 随机产生出 1 或是 2 的数字。把这个数字存进 eastOrWest 变量中，如果是 1 的话，代表之后要出题目的是西部干线；如果是 2 的话，则是代表之后要出题目的东部干线。

程序代码 365 行产生一个表格 tempStations，并在表格依序放入 1 ~ 15 的数字。接下来在 366 调用 shuffleMyArray() 函数，把这 15 个数字搅乱。如之前所计划，我们把 tempStation 存的第一个数字，也就是 tempStation[1]，当作现在的站名，经过 370 ~ 374 行的处理，得到了 rightNowStation 的数值。接着把第二个存在 tempStation 表格的数字，也就是 tempStation[2]，当作目的地的站名，经过 375 ~ 379 行的处理，得到了 destinationStation 的数值。处理的方式则是看从表格拿出来的数字是个位数还是十位数，如果是个位数，则把 eastOrWest 乘上 10，和原来的个位数值相加。如果是十位数，则把 eastOrWest 乘上 100，和原来的十位数值相加。这样的处理是配合文件的命名，如果读者看到项目文件夹里的各个图文件，就会发现图文件是以相同的方式命名。

出题完毕之后，程序代码 380 行到 384 行设定题目的正确答案。如果目的地的数值比所在地数值大的话，设定 rightGesture 变量为"right"，玩家要往右滑才算是正确回答了问题；相反的，如果目的地的数值没有比所在地数值大的话，就把答案 rightGesture 变数设成"left"。

在 385 行用之前介绍过的 changeImage 函数，把 smallBlueDestination 的图片换掉，西部干线的话，会换成 1a.png 的图，也就是把 smallBlueDestination 的图改成"高雄"；东部干线则是读入 2a.png 的图，把 smallBlueDestination 改成"台东"的文字图片。

程序代码的 386 行用 changeImage 函数，把 bigBlueDestination 显示群组的图片改成所在地的地名，并且在程序代码的 387 行用 isVisible=true，把本来在隐藏状态的 bigBlueDestination 群组显示出来。函数的最后调用 moveMyTrain() 让火车图形从屏幕的右边滑入。

（20）负责混乱表格的 shuffleMyArray 函数

在 poseQuestion 出题时，曾使用 shuffleMyArray 函数来混乱本来依序排列的表格元素，我们现在来仔细看看这个函数：

```
270  shuffleMyArray = function(t)
271      local n = #t
272      math.randomseed(os.time())
273      while n>=2 do
274          local k = math.random(n)
275          t[n],t[k] = t[k],t[n]
276          n=n-1
277      end
278  end
279
```

shuffleMyArray 函数的参数是要被搅混的表格。程序代码 273 行到 276 行多次以随机数的方法把表格的两个元素互相交换，用这样的方法来搅混原本顺序排列的表格元素。

（21）移动火车图形的 moveMyTrain 函数

如上图，moveMyTrain 函数负责把火车图形从屏幕右外侧移入屏幕中。程序代码于下：

```
426  moveMyTrain = function()
427      audio.play(trainEffect)
428      if eastOrWest ==1 then
429          changeImage(trainImage,"Train1.png",4)
430      else
431          changeImage(trainImage,"Train2.png",4)
432      end
433      transition.to(trainImage,{time = 800,x =160,
434          transition = easing.outExpo,onComplete = showQuestion})
435  end
436
```

先在程序代码 427 行播放火车音效，428 ~ 432 行依据东部干线或是西部干线用 changeImage() 函数读入不同的火车图形到 trainImage 这个显示群组里。换图工作完成后，用 transition.to 函数，在 0.8 秒的时间里，把火车图形移到屏幕中间。移到中间之后，执行 showQuestion() 函数。

（22）负责显示问题的 showQuestion 函数

如上图火车移入到屏幕之后，showQuestion 函数把问题用蓝色显示板显示出来。要完成这样的效果，要靠的是下面的程序代码：

```
418   local showQuestion = function ()
419       audio.play(settingAlready)
420       destinationBoard.isVisible = true
421       changeImage(blackDestination,tostring(destinationStation).."b.png";2)
422       blackDestination.isVisible = true
423       canSwipe = true
424       isPause = false
425   end
```

先在程序代码的 419 行播放音效，之后在程序代码 420 行，把问题广告牌 destination Board 显现出来。程序代码的 421 行用 changeImage() 把 blackDestination 显示群组换图之后，将 blackDestination 显现出来。除此以外，这个函数里，还把 canSwipe 设成 true、isPause 设成 false，正式开始游戏、接受使用者输入答案。

（23）负责判断触控动作的 onSceneTouch 函数

在 storyboard.enterScene 的函数中，就已经设定触控事件要交给 onSceneTouch 函数来处理，以下是这个函数的程序代码：

241

```
437  local function onSceneTouch(event)
438      if event.phase == "began" then
439          event.xStart = event.x
440          event.yStart = event.y
441      end
442
443      if event.phase == "ended" then
444          if event.xStart < event.x and (event.x - event.xStart) >= 30 then
445              if canSwipe and isPause==false then
446                  if rightGesture =="right" then
447                      youGotIt()
448                  else
449                      youWrong()
450                  end
451              end
452              return true
453          elseif event.xStart > event.x and (event.xStart - event.x) >= 30 then
454              if canSwipe and isPause==false then
455                  if rightGesture =="left" then
456                      youGotIt()
457                  else
458                      youWrong()
459                  end
460              end
461              return true
462          end
463      end
464  end
465
```

这个判断手势的程序代码在第六章有出现过，程序代码 444 行到 452 行设定，如果用户用手指在屏幕上往右滑，加上现在 canSwipe 这个变量是 true（是能够接 受手势），而且 isPause 是 false（不是处于暂停的状态下），对照 rightGesture 答案是往右（right) 的话，则算答对问题，要执行 youGotIt 函数；相反的，如果答错的话，则要执行 youWrong()。

程序代码 453 行到 462 行设定，如果用户用手指在屏幕上往左滑，加上现在 canSwipe 这个变量是 true（是能够接受手势），而且 isPause 是 false（不是处于暂停的状态下），对照 rightGesture 答案是往左（left) 的话，则算答对问题，要执行 youGotIt 函数；相反的，如果答错的话，则要执行 youWrong()。

（24）答对题目要执行的 youGotIt 函数

在游戏玩家在屏幕上滑动手指输入正确答案的话，就会执行 youGotIt 函数。

```
471  youGotIt = function()
472      audio.play(rightAnswer)
473      isPause = true
474      canSwipe = false
475      leftNumber = leftNumber-1
476      leftLabel.text = leftNumber
477      leftLabel.x = 30
478      if leftNumber ==0 then
479          timer.cancel(myTimerStartToGo)
480          callMyResult(1)
481      else
482          changeImage(rightOrWrong,"RightAnswer.png",5)
483          rightOrWrong.isVisible = true
484          bigBlueDestination.isVisible = false
485          destinationBoard.isVisible = false
486          blackDestination.isVisible = false
487          if rightGesture =="right" then
488              transition.to(trainImage,{time = 200, x =480,
489                  transition = easing.outExpo})
490          else
491              transition.to(trainImage,{time = 200, x =-160,
492                  transition = easing.outExpo,
493                  onComplete= function() trainImage.x =480 end})
494          end
495          timer.performWithDelay(700,beforeNextQuestion)
496      end
497  end
498
```

程序代码 472 行先播放正确答案的音效，设定 isPause 为暂停状态、canSwipe 设成不接受滑动手势的状态。由于答对一题，于是把 leftNumber 题目数减 1，并更新屏幕上的题目数，并且设定屏幕上题目字样的 x 坐标。

程序代码 478 行到 496 行设定判断，如果 leftNumber 题目数为 0，代表全部答完，会执行程序代码 479 行停止时间的计算，并且在 480 行借由 callMyResult() 函数，把游戏结束的画面产生出来。

如果还没答完题目的话，就要用 482 ~ 483 行程序代码，让 rightOrWrong 显示群组显示圆圈的图形，接着把各个和题目相关的字样隐藏起来。程序代码 487 ~ 494 行依照玩家输入的手势，让火车图形离开屏幕。如果手势是往右滑动，火车图形会依照 488 ~ 489 行的设定，往右边滑离开屏幕；相反的，如果是向左滑动，火车则会滑向左边离开屏幕。而如果是向左滑动离开屏幕的话，在程序代码的 493 行设定到，火车离开屏幕后要重新把坐标设在屏幕右方，以利下次出题再调用 moveMyTrain 函数，由屏幕的右边出场。

最后如果还没有答完题目的话，在程序代码 495 行设定到，要在 0.7 秒后执行 beforeNextQuestion 函数：

```
466    local beforeNextQuestion =function()
467        rightOrWrong.isVisible = false
468        poseQuestion()
469    end
470
```

如上程序代码，beforeNextQuestion() 做的事情只有两个，就是把之前显示的 rightOrWrong 显示群组隐藏起来。然后调用 poseQuestion()，开始另外一题的提问。

（25）答错题目要执行的 youWrong 函数

游戏玩家在屏幕上滑动手指输入错误答案的话，就会执行 **youWrong** 函数。

```
499  youWrong = function()
500      audio.play(wrongAnswer)
501      isPause = true
502      canSwipe = false
503      if lifeNumber ==3 then
504          changeImage(lifeIcon1,"XRed.png",6)
505      elseif lifeNumber ==2 then
506          changeImage(lifeIcon2,"XRed.png",6)
507      elseif lifeNumber ==1 then
508          changeImage(lifeIcon3,"XRed.png",6)
509      end
510      lifeNumber = lifeNumber-1
511      if lifeNumber ==0 then
512          timer.cancel(myTimerStartToGo)
513          audio.play(wrongNumberSound)
514          callMyResult(3)
515      else
516          changeImage(rightOrWrong,"WrongAnswer.png",5)
517          rightOrWrong.isVisible = true
518          bigBlueDestination.isVisible = false
519          destinationBoard.isVisible = false
520          blackDestination.isVisible = false
521          if rightGesture =="left" then
522              transition.to(trainImage,{time = 200,x = 480,
523                  transition = easing.outExpo})
524          else
525              transition.to(trainImage,{time = 200,x =-160,
526                  transition = easing.outExpo,
527                  onComplete= function() trainImage.x =480 end})
528          end
529          timer.performWithDelay(700,beforeNextQuestion)
530      end
531  end
532
```

程序代码 500 行先播放错误答案的音效，设定 isPause 为暂停状态、canSwipe 设成不接受滑动手势的状态。如果还有三个生命值的话，就把第一个生命值、显示群组 lifeIcon1 的图片换成红色的叉叉，代表答错一次；如果还有两个生命值的话，就利用第 506 行程序代码，把第二个生命值、显示群组 lifeIcon2 的图片换成红色的叉叉，代表答错两次；如果还有一个生命值的话，显示群组 lifeIcon3 的图片换成红色的叉叉，代表答错三次。每次答错，生命值都在程序代码 510 行减掉 1。如果发现没有生命值的话，则执行程序代码 512 行停止时间的计算、放出挑战失败的音效，并且在 514 行借由 callMyResult() 函数，把游戏结束的画面产生出来。

如果答错题目但是生命值还没有到达 0 之前，就要用 516 ~ 517 行程序代码，让 rightOrWrong 显示群组显示叉叉的图形，接着把各个和题目相关的字样隐藏起来。程序代码 521 行到 528 行在做两个判断：如果正确答案是左边 left 的话，会执行 youWrong 函数代表玩家输入的手势是滑向右边。在这种情况下，让火车图形依照程序代码 522 ~ 523 行的设定，往右边滑离开屏幕；相反的，火车则会滑往左边离开屏幕。而如果是向左滑动离开屏幕的话，在程序代码的 527 行设定到，火车离开屏幕后要重新把坐标设在屏幕右方。

最后如果还没有答完题目的话，在程序代码 529 行设定到，要在 0.7 秒后执行 beforeNextQuestion 函数。

（26）负责处理游戏结束画面和暂停画面的 callMyResult 函数 1

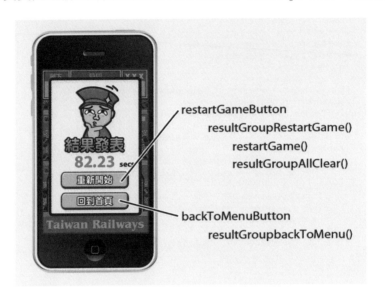

callMyResult 函数负责产生游戏结束的画面与暂停画面。这是 gameplay.lua 里最后要介绍的函数。由于程序代码太长，于是分成几段来介绍。首先第一段要提到的是两个按钮，如上图，分别是按了之后会重新开始游戏的 restartGameButton，还有按了会回去游戏菜单的 backToMenuButton 按钮。

按了 restartGameButton 之后，会调用 resultGroupRestartGame 函数。resultGroupRestartGame 函数则会继续调用 restartGame() 和 resultGroupAllClear()。restartGame 函数会重新设定游戏中的各种数值，resultGroupAllClear 函数则是把 resultGroup 这个显示群组重新移回屏幕上方外，并且把其中的显示对象全部清除。而按了 backToMenuButton 之后，则是会执行 resultGroupbackToMenu 函数。在介绍如何放置游戏结束画面之前，先制作出上面提到的四个函数以及两个按钮。

请看下页的程序代码，程序代码 534 行首先停止背景音乐的播放。接下来先看第一个按钮 restart GameButton，在程序代码的 589 ~ 597 行用 ui.lua 函数库产生，在 596 行设定按下按键之后，要执行 resultGroupRestartGame()。程序代码 570 ~ 578 行的 resultGroupRestartGame() 设定在按下按钮的时候，播放按键音效。而在按完按钮之后，执行 restartGame() 以及resultGroupAllClear()。

程序代码 552 ~ 568 行的 restartGame()，重设了游戏的各种数值。把贴图也换成游戏原始的贴图。把该隐藏的显示对象隐藏起来，做好重新玩游戏的准备，并且调用 countdownToPlay()，重新显示 READY 字样，重新开始玩游戏。

程序代码 535 ~ 550 行的 resultGroupAllClear() 则是先执行 541 行到549 行程式码，把整个 resultGroup 显示群组在 0.3 秒的时间内，收回到屏幕上方外。这个动作结束后，则执行上面的区域函数 clearmyResult()，利用537 ~ 538 行程序代码，清除所有 resultGroup 显示群组里面的显示对象。

接下来介绍第二个按钮 backToMenuButton 按钮。这个按钮先在程序代码的 599 ~ 607 行中产生出来，在程序代码 606 行设定按下按键之后，要执行 resultGroupbackToMenu 函数。程序代码 580 ~ 587 行的 resultGroup backToMenu 函数先设定在按下按钮的时候发出按钮音效，接着在 585 行设定在按完按钮以后，以之前写好的设定，将画面转回到covermenu.lua 画面，也就是回到游戏菜单的画面。以上把在产生游戏结束画面之前的程序代码介绍过一遍 之后，现在来真的介绍各种情况里，游戏结束画面的绘制。

```
533  callMyResult = function(resultType)
534      audio.pause(8)
535      local resultGroupAllClear = function()
536          local clearmyResult = function()
537              for i = resultGroup.numChildren,1,-1 do
538                  resultGroup[i]:removeSelf()
539              end
540          end
541          if isIPhone5 then
542              transition.to(resultGroup, {time=300, y=-568,
543                  transition = easing.outExpo,
544                  onComplete = clearmyResult})
545          else
546              transition.to(resultGroup, {time=300, y=-480,
547                  transition = easing.outExpo,
548                  onComplete = clearmyResult})
549          end
550      end
551
552      local restartGame = function()
553          originalTime = 0
554          myTime = 0
555          leftNumber = 20
556          lifeNumber = 3
557          changeImage(lifeIcon1,"XWhite.png",6)
558          changeImage(lifeIcon2,"XWhite.png",6)
559          changeImage(lifeIcon3,"XWhite.png",6)
560          leftLabel.text = 20
```

```
561         leftLabel.x = 30
562         timeLabel.text = "00.00"
563         bigBlueDestination.isVisible = false
564         blackDestination.isVisible = false
565         destinationBoard.isVisible = false
566         trainImage.x = 480
567         countdownToPlay()
568     end
569
570     local resultGroupRestartGame = function(event)
571         if event.phase =="press" then
572             audio.play(buttonPressedSound)
573         end
574         if event.phase == "release" then
575             restartGame()
576             resultGroupAllClear()
577         end
578     end
579
580     local resultGroupbackToMenu = function(event)
581         if event.phase =="press" then
582             audio.play(buttonPressedSound)
583         end
584         if event.phase == "release" then
585             storyboard.gotoScene("covermenu",changeSceneEffectSetting)
586         end
587     end
588
589     local restartGameButton = ui.newButton{
590         defaultSrc = "PauseButton2_"..language..".png",
591         defaultX=207,
592         defaultY=51,
593         overSrc = "PauseButton2Pressed_"..language..".png",
594         overX=207,
595         overY=51,
596         onEvent = resultGroupRestartGame
597     }
598
599     local backToMenuButton = ui.newButton{
600         defaultSrc = "PauseButton3_"..language..".png",
601         defaultX=207,
602         defaultY=51,
603         overSrc = "PauseButton3Pressed_"..language..".png",
604         overX=207,
605         overY=51,
606         onEvent = resultGroupbackToMenu
607     }
608
```

（27）负责处理游戏结束画面和暂停画面的 callMyResult 函数 2

接下来要真的开始绘制游戏结束画面。首先是玩家完全答完游戏的 20 个题目会出现的画面。这个画面里，先放进背景图 resultBackground，接下来放入两个按钮，最后是显示成绩时间的 resultTimeLabel 。

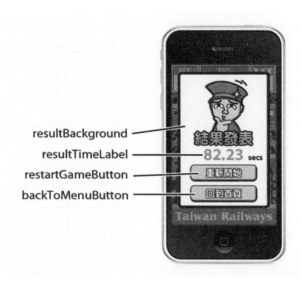

接下来要介绍产生 3 种游戏结束画面和 1 种暂停画面，每个画面产生之后，都会放进 resultGroup 这个显示群组里面。画面产生完毕之后，都会用后页 795 行程序代码，把产生出的画面由上向下推进屏幕上。看完最后这行程序代码后，接着来介绍第一个游戏结束的画面。

游戏玩家完全答完游戏的 20 个题目，就会在之前介绍的 youGotIt 函数，于程序码 280 行调用 callMyResult()，并且代入 1 为参数。执行 callMyResult() 时，由于参数是 1，所以会执行程序代码的 609 行到 676 行的程序代码。产生出游戏结束的画面。

请看下图的程序代码，首先在 613 行播放代表胜利的音效，接下来把 isPause 设为 true、canSwipe 设成 false，让游戏进入暂停状态。

程序代码 616 ~ 627 行先产生出背景图片 resultBackground 与设定背景图片的位置，629 行到 632 行设定 restartGameButton 和 backToMenuButton 两个按钮的位置。

```
609    if resultType ==1 then
610        -- ************************ --
611        -- *********** result *********** --
612        -- ************************ --
613        audio.play(winSound)
614        isPause = true
615        canSwipe = false
616        local resultBackground
617        if isIPhone5 then
618            resultBackground =
619            display.newImageRect("ResultBackgroundiPhone5_"..language..".png",320,568)
620            resultBackground.x = 160
621            resultBackground.y = 284
622        else
623            resultBackground =
624            display.newImageRect("ResultBackground_"..language..".png",320,480)
625            resultBackground.x = 160
626            resultBackground.y = 240
627        end
628
629        restartGameButton.x = 160
630        restartGameButton.y = 325 +iPhone5AddOn
631        backToMenuButton.x = 160
632        backToMenuButton.y = 387 +iPhone5AddOn
633
634        local myTimeString
635        if myTime<10 then
636            myTimeString = "0"..tostring(myTime)
637        elseif myTime>=10 and myTime<100 then
638            myTimeString = tostring(myTime)
639        end
640
641        if tonumber(myTimeString)<highScoreTable[10] then
642            highScoreTable[11] = tonumber(myTimeString)
643            table.sort(highScoreTable)
644
645            --存档
646            local highScoreKeyArray = {}
647            for i=1,10 do
648                highScoreKeyArray[i] = "highscore" .. tostring(i) ..".data"
649            end
650            local highscoreValueArray = {}
651            for i = 1,10 do
652                highscoreValueArray[i]=tostring(highScoreTable[i])
653            end
654            for i=1,10 do
655                saveRecord(highScoreKeyArray[i],highscoreValueArray[i])
656            end
657            --重建highScoreTable
658            for i = 1,11 do
659                table.remove(highScoreTable,i)
660            end
661            for i=1,10 do
662                highScoreTable[i] = tonumber(loadRecord(highScoreKeyArray[i]))
663                print("highscore"..i.."="..highScoreTable[i])
664            end
665        end
666
667        local resultTimeLabel = bmf.newString(myTimeLabelFont,myTimeString)
668        resultTimeLabel.xScale = 0.5
669        resultTimeLabel.yScale = 0.5
670        resultTimeLabel:setReferencePoint( display.CenterReferencePoint )
671        resultTimeLabel.x = 160
672        resultTimeLabel.y = 275 + iPhone5AddOn
673        resultGroup:insert(resultBackground)
674        resultGroup:insert(restartGameButton)
675        resultGroup:insert(backToMenuButton)
676        resultGroup:insert(resultTimeLabel)
    ⋮    --中间省略
795    transition.to(resultGroup, {time=300, y=0,transition = easing.outExpo})
796 end
```

紧接着是要处理高分的程序代码：程序代码第 634 行宣告一个叫做 myTimeString 的变量，根据 myTime 变量这个时间是否小于 10，如果小于 10 在左边补零，把本来是数值的 myTime，化成字符串存进 myTimeString 中。在程序代码 667 行会利用这个字符串，建立显示文字 resultTimeLabel，并且在程序代码 673 ~ 676 行把背景图片 resultBackground、restartGameButton 和 backToMenuButton 两个按钮，与显示文字 resultTimeLabel 加入 resultGroup 中，完成游戏结束画面的绘制。

程序代码 641 行判断，如果 myTimeString 化成数字后小于高分榜第 10 名的成绩的话，代表玩家这次花了更少时间答完所有的题目，于是这样的成绩要记录到高分榜中。这种情况的话，先在程序代码 642 行把新的成绩加入到高分榜中，然后在 643 行，利用 table.sort() 的函数，把高分榜重新做一个排列，经过这样的程序码处理，会让表格里面的数字由小排到大。而我们只要这个高分榜前 10 个的成绩。

程序代码 646 ~ 656 行负责存档。用 for 循环产生所有存档的 key 存进新产生的表格 highScoreKeyArray，再把高分榜前 10 名的数值，化成字符串放进新产生的表格 highScoreValueArray。最后再用 for 循环依序存档。

程序代码 658 ~ 664 则是重建高分榜。先把 highScoreTable 里所有所存的资料都移除，接下来再用程序码 661 ~ 663 行，重新读取高分的分数。

（28）负责处理游戏结束画面和暂停画面的 callMyResult 函数 3

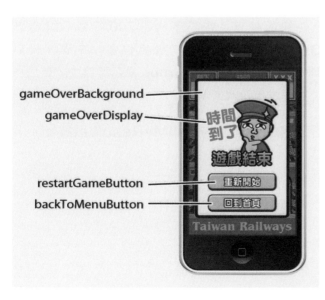

第二种游戏结束的画面，是超过限制时间会出现的画面。如上图，这个画面要先加入背景 gameOverBackground，然后是两个按钮，最后是显示时间到了的 gameOverDisplay。让我们来看看如何用程序代码制作出上述的画面。

```
677    elseif resultType ==2 then
678        -- ********************************** --
679        -- ********** game over1********** --
680        -- ********************************** --
681        local gameOverBackground
682        if isIPhone5 then
683            gameOverBackground =
684            display.newImageRect("GameOverBackgroundiPhone5_"..language..".png",320,568)
685            gameOverBackground.x = 160
686            gameOverBackground.y = 284
687        else
688            gameOverBackground =
689            display.newImageRect("GameOverBackground_"..language..".png",320,480)
690            gameOverBackground.x = 160
691            gameOverBackground.y = 240
692        end
693        restartGameButton.x = 160
694        restartGameButton.y = 325 +iPhone5AddOn
695        backToMenuButton.x = 160
696        backToMenuButton.y = 387 +iPhone5AddOn
697        timeLabel.isVisible = true
698        leftLabel.isVisible = true
699
700        local gameOverDisplay =
701        display.newImageRect("TimesUp_"..language..".png",103,100)
702        gameOverDisplay.x = 97
703        gameOverDisplay.y = 157+iPhone5AddOn
704        resultGroup:insert(gameOverBackground)
705        resultGroup:insert(restartGameButton)
706        resultGroup:insert(backToMenuButton)
707        resultGroup:insert(gameOverDisplay)
708        timer.performWithDelay(1000,function() audio.play(ohNein) end)
```

先在程序代码第 681 行到 692 行产生背景图片 gameOverBackground 与设定背景图片的位置，693 行到 698 行设定 restartGameButton 和 backToMenuButton 两个按钮的位置。在程序代码 700 行到 703 行产生时间到了的字样 gameOverDisplay 并且为其设定位置，在程序代码 704 ~ 707 行把所有的显示对象都加入到 resultGroup 显示群组中。最后再用 708 行程序代码，设定在 1 秒后发出游戏失败的音效。

（29）负责处理游戏结束画面和暂停画面的 callMyResult 函数 4

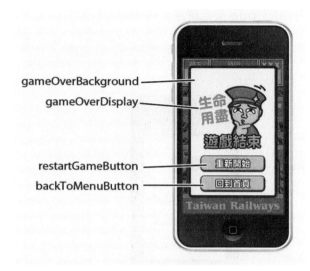

第三种游戏结束的画面，是答错三题生命用尽会出现的画面。如上图，这个画面和上个画面差不多，只不过原来显示时间到了的 gameOverDisplay，换成生命用尽的字样。程序代码如下：

```
709    elseif resultType ==3 then
710        -- ************************** --
711        -- ********** game over2********** --
712        -- ************************** --
713        local gameOverBackground
714        if isIPhone5 then
715            gameOverBackground =
716            display.newImageRect("GameOverBackgroundiPhone5_"..language..".png",320,568)
717            gameOverBackground.x = 160
718            gameOverBackground.y = 284
719        else
720            gameOverBackground =
721            display.newImageRect("GameOverBackground_"..language..".png",320,480)
722            gameOverBackground.x = 160
723            gameOverBackground.y = 240
724        end
725        restartGameButton.x = 160
726        restartGameButton.y = 325 +iPhone5AddOn
727        backToMenuButton.x = 160
728        backToMenuButton.y = 387 +iPhone5AddOn
729
730        local gameOverDisplay =
731        display.newImageRect("NoLife_"..language..".png",103,100)
732        gameOverDisplay.x = 97
733        gameOverDisplay.y = 157+iPhone5AddOn
734        resultGroup:insert(gameOverBackground)
735        resultGroup:insert(restartGameButton)
736        resultGroup:insert(backToMenuButton)
737        resultGroup:insert(gameOverDisplay)
738        timer.performWithDelay(1000,function() audio.play(ohNein) end)
```

程序代码和上个画面差不多，唯一有差别的是在程序代码 731 行读入的图片是生命用尽的图片。把背景图片 gameOverBackground、restartGameButton 和 backToMenuButton 两个按钮，与显示生命用尽的 gameOverDisplay 加入 resultGroup 显示群组，完成画面的绘制。

（30）负责处理游戏结束画面和暂停画面的 callMyResult 函数 5

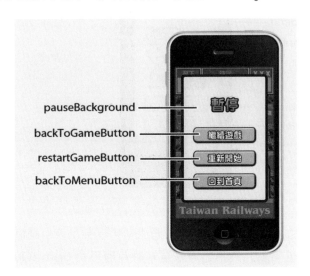

最后要介绍的是暂停时会出现的画面。如上图，这个画面是由一个背景图与三个按钮组合合成。以下是做出这个画面的程序代码：

```
739    elseif resultType ==4 then
740       --- ********** ---
741       --- ********** pause ********** ---
742       --- ********** ---
743       originalTime = myTime
744       isPause = true
745       canSwipe = false
746       local pauseBackground
747       local backToGameButton
748       if isIPhone5 then
749          pauseBackground =
750          display.newImageRect("PauseBackgroundiPhone5_"..language..".png",320,568)
751          pauseBackground.x = 160
752          pauseBackground.y = 284
753       else
754          pauseBackground =
755          display.newImageRect("PauseBackground_"..language..".png",320,480)
756          pauseBackground.x = 160
757          pauseBackground.y = 240
758       end
759
760       local resultGroupBackToGame = function(event)
761          if event.phase =="press" then
762             audio.play(buttonPressedSound)
763          end
764          if event.phase == "release" then
765             myTimerStartToGo=timer.performWithDelay(1, tickTac,0)
766             canSwipe =true
767             isPause =false
768             resultGroupAllClear()
769             audio.resume(8)
770          end
771       end
772       backToGameButton = ui.newButton{
```

```
773                 defaultSrc = "ResultButton1_"..language..".png",
774                 defaultX=207,
775                 defaultY=51,
776                 overSrc = "ResultButton1Pressed_"..language..".png",
777                 overX=207,
778                 overY=51,
779                 onEvent = resultGroupBackToGame
780             }
781         backToGameButton.x = 160
782         backToGameButton.y = 215 +iPhone5AddOn
783
784         restartGameButton.x = 160
785         restartGameButton.y = 290 +iPhone5AddOn
786
787         backToMenuButton.x = 160
788         backToMenuButton.y = 363 +iPhone5AddOn
789
790         resultGroup:insert(pauseBackground)
791         resultGroup:insert(backToGameButton)
792         resultGroup:insert(restartGameButton)
793         resultGroup:insert(backToMenuButton)
794     end
795     transition.to(resultGroup, {time=300, y=0,transition = easing.outExpo})
796 end
```

首先把游戏进行的时间 myTime 存进 originalTime 变量里面，这样的话，重新回到游戏计时后,tickTac 函数里、339 行的程序代码就能顺利地继续计时。

程序的 744 ~ 745 行程序代码，把 isPause 设为 true、canSwipe 设成 false，让游戏进入暂停状态。接下来在程序代码的 748 行到 758 行产生了背景图片 pauseBackground 与设定背景图片的位置。

这个画面新增的按钮 backToGameButton，按下去会回到游戏的状态。这个按钮在程序代码的 747 行声明，772 ~ 780 行产生。设定了按下这个按钮后，会执行 resultGroupBackToGame 函数。

程 序 代 码 760 行 到 771 行 的 resultGroupBackToGame 函 数 里 设定了，当玩家按下按钮时，会发出按钮的声音，而按完按钮后，会用 timer.performWithDelay() 重新计时、设定 canSwipe 与 isPause 两个变量离开暂停状态、执行之前定义的 resultGroupAllClear() 把画面往上移到屏幕外，并且清除所有加入到 resultGroup 的对象，最后用 audio.resume() 函数，继续播放背景音效。

程序代码 781 ~ 793 行调整三个按钮的位置，并把所有产生的显示对象插进 resultGroup 这个显示群组里面。

以上完成了 gameplay.lua 这个画面的解说。

9-7 程序解析：高分排行页面——highscore.lua

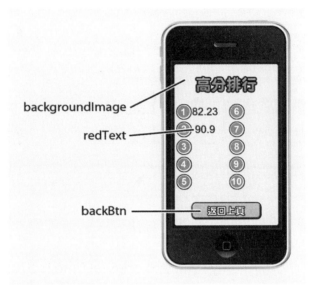

介绍完了 gameplay.lua 之后，紧接着是高分排行 highscore.lua 的画面。玩家在游戏菜单按到了"高分排行"后，会进入 highscore.lua 文件里，把玩家的前 10 大高分成绩在画面上列出来。如上图，这个画面由几个元素组成，分别是背景图 backgroundImage、10 个显示高分的 redText 与回到游戏菜单的按钮 backBtn。以下就来介绍组成这个画面的程序代码。

（1）highscore.lua 页面声明变量与 loadRecord 函数

highscore.lua 同样也是引入 storyboard 链接库的画面，同时也是运用先在场景中加入事件监听器的架构。由于之前解释程序代码的时候已经特别强调这样的流程，所以在这个画面里，就不依程序执行的顺序而跳着介绍了。这个页面的程序将以从头开始的方式介绍。首先看到的是变量声明的部分：

```
1   local storyboard = require("storyboard")
2   local scene = storyboard.newScene()
3   local screenGroup
4   local ui = require("ui")
5   require('bmf')
6   local myHighScoreLabelLayer = bmf.loadFont( 'HighScoreLayer.fnt' )
7   local highScoreTable
8   local backgroundMusic = audio.loadStream("TrainBackground.mp3")
9   local buttonPressedSound = audio.loadSound("ButtonPressed.mp3")
10  local loadRecord
11  local changeSceneEffectSetting={
12      effect = "slideRight",
13      time = 300,
14  }
15  local language = "en"
16  local os=system.getInfo("platformName")
17  if os=="Android" then
18      print("Don't support Android")
19  else
20      language = userDefinedLanguage or system.getPreference("ui","language")
21      if language ~="zh-Hant" then
22          language = "en"
23      end
24  end
25  local isIPhone5
26  if display.contentScaleX ==0.5 and display.contentScaleY == 0.5
27      and display.contentWidth == 320 and display.contentHeight == 568 then
28      isIPhone5 = true
29  end
30
31  loadRecord =function(strFileName)
32      --will load specified file, or create new file if it doesn't exist
33      local theFile = strFileName
34      local path = system.pathForFile(theFile, system.DocumentsDirectory)
35      --io.open opens a file at path; returns nil if no file found
36      local file = io.open(path,"r")
37      if file then
38          --read all contents of file
39          local myValue = file:read( "*a" )
40          print("returnTable form loadRecord= " .. myValue)
41          io.close(file)
42          return myValue
43      else
44          --create file because it doesn't exist yet
45          local file = io.open(path,"w+")
46          file:write("99.99")
47          io.close(file)
48          local saveTable = "99.99"
49          return saveTable
50      end
51  end
52
```

　　首先引入 storyboard 函数库，接着在第 2 行从 storyboard 增加新的场景 (scene)。在程序代码第 3 行先声明一个叫做 screenGroup 的变量。之后会把 storyboard 中产生出来场景的画面存在 screenGroup 里面。

　　因为这个页面会出现按钮，所以在程序代码第 4 行引入了 ui.lua。程序代码 5 ~ 6 行引入 bmf.lua，并用 bmf.loadFont() 引入定制化的字型。

程序代码第 7 行宣告的 highScoreTable，在程序进行中，会存入高分榜的数值。程序代码 8 ~ 9 行引入背景音效与按键声音。程序代码第 10 行声明的 loadRecord 变量，在程序代码 31 行时会存进负责存取高分榜的函数。程序代码 11 行到 14 行产生的 changeSceneEffectSetting，设定了要如何转换场景。15 ~ 24 行程序代码是支持多语系的设定，25 ~ 29 行则是支持 iPhone5 的设定。程序代码 31 行到 51 行的 loadRecord() 和 gameplay.lua 的 loadRecord 函数一模一样，做的事情就是把游戏的高分榜读入场景中。

（2）highscore.lua 页面 addMenu 函数

addMenu 函数负责在画面中加入按钮，按下去之后，会回到游戏菜单。这样的功能是怎么做到的？请看下面的程序代码。

```
53  local addMenu = function()
54      local backBtn
55      local onBackBtnTouch = function(event)
56          if event.phase == "press" then
57              audio.play(buttonPressedSound)
58          end
59          if event.phase == "release" then
60              storyboard.gotoScene("covermenu",changeSceneEffectSetting)
61          end
62      end
63      backBtn = ui.newButton{
64          defaultSrc = "HighScoreButton_"..language..".png",
65          defaultX=208,
66          defaultY=50,
67          overSrc = "HighScoreButtonPressed_"..language..".png",
68          overX=208,
69          overY=50,
70          onEvent = onBackBtnTouch
71      }
72      if isIPhone5 then
73          backBtn.x = 160
74          backBtn.y= 504
75      else
76          backBtn.x = 160
77          backBtn.y= 430
78      end
79      screenGroup:insert(backBtn)
80  end
81
```

程序代码的第 54 行先声明 backBtn 这个变量，之后在 63 ~ 71 行产生按键存进 backBtn 中，设定按下这个按键后，会执行程序代码 55 ~ 62 行的 onBackBtnTouch 函数。当按下按钮的时候会发出按键声音，当按完按钮后会更换场景回到游戏菜单。程序代码的 72 ~ 78 行则是调整按钮的位置，在程序代码的第 79 行把按键加入 screenGroup 的显示群组中。

（3）highscore.lua 页面 createScene 函数

和 storyboard 相关的 createScene 函数负责屏幕画面的绘制。以下是 createScene 的程序代码：

```
82   -- *************************** --
83   -- ********* storyboard ********* --
84   -- *************************** --
85   --画面没到屏幕上时，先调用createScene，负责UI画面绘制
86   function scene:createScene(event)
87       print("***** highscore createScene event *****")
88       screenGroup = self.view
89       local backgroundImage
90       if isIPhone5 then
91           backgroundImage =
92           display.newImageRect(
93               "HighScoreBackgroundiPhone5_"..language..".png", 320, 568)
94           backgroundImage.x = 160
95           backgroundImage.y = 284
96       else
97           backgroundImage =
98           display.newImageRect(
99               "HighScoreBackground_"..language..".png", 320, 480)
100          backgroundImage.x = 160
101          backgroundImage.y = 240
102      end
103      screenGroup:insert(backgroundImage)
104      addMenu()
105      for i=1,10 do
106          local aHighScore = loadRecord("highscore" .. tostring(i) ..".data")
107          if aHighScore == "99.99" then
108              aHighScore = ""
109          end
110          local redText = bmf.newString(myHighScoreLabelLayer,aHighScore)
111          local xNumber
112          local yNumber
113          local originalX = 97
114          local originalY
115          local xDistance = 159
116          local yDistance = 51
117          if isIPhone5 then
118              originalY = 234
119          else
120              originalY = 144
121          end
122          if i>5 then
123              xNumber = 1
124              yNumber = i-6
125          else
126              xNumber = 0
127              yNumber = i-1
128          end
129          redText:setReferencePoint( display.CenterReferencePoint )
130          redText.x = originalX+xDistance * xNumber
131          redText.y = originalY+yDistance * yNumber
132          redText.xScale = 0.5
133          redText.yScale = 0.5
134          screenGroup:insert(redText)
135      end
136  end
137
```

一开始在程序代码88行设定，把从storyboard产生出来场景（scene）的画面（view），指派给在程序代码第三行就声明的变量screenGroup。接着在89行到103行加上背景，104行调用addMenu()加上按键，最后105行到135行用for循环从1到10加入高分的数字：先在106行把高分用loadRecord()读入，判断如果读入的高分是99.99的话，则认为这是预设的最低分，于是把字符串"99.99"改成空字符串""，不显示这个读出来的分数。读出高分之后，程序代码110行用bmf.newString()，把这个高分变成屏幕上显示的高分文字。接下来运用111～134行的设定，把分数安放到屏幕上的正确位置。

（4）highscore.lua 页面的 enterScene()、exitScene() 与 destroyScene()

最后介绍highscore.lua页面中storyboard的最后三个函数。请看程序代码：

```
138    --画面到屏幕上时，调用enterScene，移除之前的场景
139    function scene:enterScene(event)
140        print("***** highscore enterScene event *****")
141        --completely remove maingame and options
142        audio.play(backgroundMusic,{loops=-1})
143        storyboard.removeScene("covermenu")
144    end
145
146    --即将被移除，调用exitScene，停止音乐，释放音乐内存
147    function scene:exitScene()
148        print("***** highscore exitScene event *****")
149        audio.stop()
150        audio.dispose(backgroundMusic)
151        backgroundMusic = nil
152        audio.dispose(buttonPressedSound)
153        buttonPressedSound = nil
154    end
155
156    --下一个画面调用完enterScene、完全在屏幕上后，调用destroyScene
157    function scene:destroyScene(event)
158        print("***** highscore destroyScene event *****")
159
160    end
161
162    scene:addEventListener("createScene", scene)
163    scene:addEventListener("enterScene", scene)
164    scene:addEventListener("exitScene", scene)
165    scene:addEventListener("destroyScene", scene)
166
167    return scene
```

程序代码139～144行的enterScene()中，先播放背景音效，接着用storyboard.removeScene()移除之前的游戏菜单场景；exitScene()中停止播放音乐，并且释放音效内存；destroyScene()印出了讯息，让我们可以在程序执行的过程中，通过终端机知道场景何时消灭。最后162～165行在场景加入事件监听器，于167行回传场景。

9-8 程序解析：铁道信息页面——railinfo.lua

玩家在游戏菜单按到了"铁道信息"按钮后，会进入 railinfo.lua 文件里，把台湾火车的站名显示给玩家看。如上图，railinfo.lua 的画面只由两个元素组成：一个是背景图 backgroundImage；另外一个则是回到游戏菜单的按钮 backBtn。以下就来介绍组成这个画面的程序代码。

（1）railinfo.lua 页面声明变量

railinfo.lua 也是用 storyboard 架构出来的场景，让我们从一开始的程序代码开始介绍。

```
1   local storyboard = require("storyboard")
2   local scene = storyboard.newScene()
3   local screenGroup
4   local ui = require("ui")
5   local backgroundMusic = audio.loadStream("TrainBackground.mp3")
6   local buttonPressedSound = audio.loadSound("ButtonPressed.mp3")
7   local language = "en"
8   local thisOS=system.getInfo("platformName")
9   if thisOS=="Android" then
10      print("Don't support Android")
11  else
12      language = userDefinedLanguage or system.getPreference("ui","language")
13      if language ~="zh-Hant" then
14          language = "en"
15      end
16  end
17  local isIPhone5
18  if display.contentScaleX ==0.5 and display.contentScaleY == 0.5
19      and display.contentWidth == 320 and display.contentHeight == 568 then
20      isIPhone5 = true
21  end
22  local changeSceneEffectSetting={
23      effect = "slideRight",
24      time = 300,
25  }
26
```

首先引入 storyboard 函数库，接着在第 2 行从 storyboard 增加新的场景 (scene)。在程序代码第 3 行先声明一个叫做 screenGroup 的变量。之后会把 storyboard 中产生出来场景的画面存在 screenGroup 里面。 因为这个页面也会出现按钮，所以在程序代码第 4 行引入了 ui.lua。程序代码 5 ~ 6 行 引入背景音效与按键声音。7 ~ 16 行程序代码是支持多语系的设定，17 ~ 21 行则是 支持 iPhone5 的设定，22 行到 25 行产生的 changeSceneEffectSetting，则是设定了要如何转换场景。

（2）railinfo.lua 页面 addMenu 函数

addMenu 函数负责在画面中加入按钮，按下去之后，会回到游戏菜单。请看下面的程序代码。

```
27  local addMenu = function()
28      local onBackBtnTouch = function(event)
29          if event.phase == "press" then
30              audio.play(buttonPressedSound)
31          end
32          if event.phase == "release" then
33              storyboard.gotoScene("covermenu",changeSceneEffectSetting)
34          end
35      end
36
37      local backBtn = ui.newButton{
38          defaultSrc = "InfoButton_"..language..".png",
39          defaultX=136,
40          defaultY=50,
41          overSrc = "InfoButtonPressed_"..language..".png",
42          overX=136,
43          overY=50,
44          onEvent = onBackBtnTouch
45      }
46      backBtn.x = 160
47      if isIPhone5 then
48          backBtn.y= 537
49      else
50          backBtn.y= 449
51      end
52      screenGroup:insert(backBtn)
53  end
```

程序代码的第 37 行声明 backBtn 这个变量并且继续用 ui.newButton 函数产生按键。程序代码 44 行设定按下 backBtn 按键后，会执行程序代码 28 ~ 35 行的 onBackBtnTouch 函数。当按下按钮的时候会发出按键声音，当按完按钮后会更换场景回到游戏菜单。程序代码的 46 ~ 51 行则是调整按钮的位置，在程序代码的第 52 行把按键加入 screenGroup 的显示群组中。

（3）railinfo.lua 页面和 storyboard 相关的设定

照顺序看下来，railinfo.lua 这个文件，剩下的程序代码是和 storyboard 相关的设定。

```
54   -- **************************** --
55   -- ********* storyboard ********* --
56   -- **************************** --
57   --画面没到屏幕上时，先调用createScene，负责UI画面绘制
58   function scene:createScene(event)
59       print ("***** railInfo createScene event*****")
60       screenGroup = self.view
61       --加入背景
62       local backgroundImage
63       if isIPhone5 then
64           backgroundImage =
65           display.newImageRect("InfoBackgroundiPhone5.png",320,568)
66           backgroundImage.x = 160
67           backgroundImage.y = 284
68       else
69           backgroundImage =
70           display.newImageRect("InfoBackground.png",320,480)
71           backgroundImage.x = 160
72           backgroundImage.y = 240
73       end
74       screenGroup:insert(backgroundImage)
75       addMenu()
76   end
77
78   --画面到屏幕上时，调用enterScene，移除之前的场景
79   function scene:enterScene(event)
80       print ("***** railInfo enterScene event*****")
81       audio.play(backgroundMusic,{loops=-1})
82       storyboard.removeScene("covermenu")
83   end
84
85   --即将被移除，调用exitScene，停止音乐，释放音乐内存
86   function scene:exitScene()
87       print ("***** railInfo exitScene event*****")
88       audio.stop()
89       audio.dispose(backgroundMusic)
90       backgroundMusic = nil
91       audio.dispose(buttonPressedSound)
92       buttonPressedSound = nil
93   end
94
95   --下一个画面调用完enterScene、完全在屏幕上后，调用destroyScene
96   function scene:destroyScene(event)
97       print ("***** railInfo destroyScene event*****")
98   end
99
100  scene:addEventListener("createScene", scene)
101  scene:addEventListener("enterScene", scene)
102  scene:addEventListener("exitScene", scene)
103  scene:addEventListener("destroyScene", scene)
104  return scene
```

程序代码在 100 ～ 103 行对于场景加了四个事件监听器，在场景发生不同事件的时候，会分别执行上面的四个函数。最后在程序的 104 行回传场景，让场景出现在屏幕上。

当画面还没出现到屏幕上之前，会调用程序代码 58 ～ 76 行的 createScene 绘制屏幕上各个元素。其中程序代码 60 行，把从 storyboard 产生出来场景（scene）的画面（view），指派给在程序代码第三行就声明的变量 screenGroup。62 ～ 74 行程序码加入背景图片 backgroundImage，程序代码 75 行调用 addMenu() 加入按钮。

程序代码 79 ～ 83 行的 enterScene() 中，先播放背景音效，接着用
storyboard. removeScene() 移除之前的游戏菜单场景；exitScene() 中停
止播放音乐，并且释放音效内存；destroyScene() 印出了讯息，让我们可以
在程序执行的过程中，通过终端机知道场景何时消灭。

9-9 程序解析：更多游戏页面—— moreapp.lua

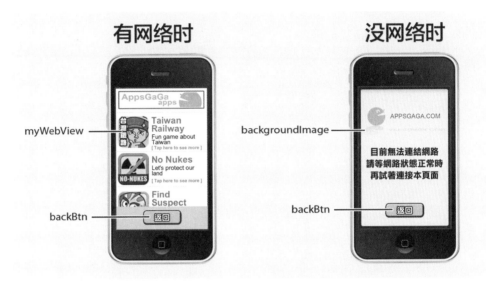

玩家在游戏菜单按到了"更多游戏"的按钮后，会进入 moreapp.lua 文件
里。如上图，进入 moreapp.lua 后的画面有两种可能，在有网络的时候，链接
网站显示出更多游戏的信息；没有网络的时候，则是显示没有网络的底图。以下
就来介绍如何做出这样的效果。

（1）moreapp.lua 页面声明变量与 storyboard 加入事件监听器

moreapp.lua 是用 storyboard 架构出来的场景，一开始来介绍变量的声
明与 storyboard 加入事件监听器的程序代码。

```
 1   local ui = require("ui")
 2   local storyboard = require("storyboard")
 3   local scene = storyboard.newScene()
 4   local screenGroup
 5   local myWebView
 6   local backBtn
 7   local isMyNetworkReachable
 8   local backgroundMusic = audio.loadStream("TrainBackground.mp3")
 9   local buttonPressedSound = audio.loadSound("ButtonPressed.mp3")
10   local addWebView
11   local language = "en"
12   local os=system.getInfo("platformName")
13   if os=="Android" then
14       print("Don't support Android")
15   else
16       language = userDefinedLanguage or system.getPreference("ui","language")
17       if language ~="zh-Hant" then
18           language = "en"
19       end
20   end
21   local isIPhone5
22   if display.contentScaleX ==0.5 and display.contentScaleY == 0.5
23       and display.contentWidth == 320 and display.contentHeight == 568 then
24       isIPhone5 = true
25   end
26   local changeSceneEffectSetting={
27       effect = "slideRight",
28       time = 300,
29   }
30
     ⋮       —— 中间省略
166
167  scene:addEventListener("createScene", scene)
168  scene:addEventListener("enterScene", scene)
169  scene:addEventListener("exitScene", scene)
170  scene:addEventListener("destroyScene", scene)
171
172  return scene
```

首先引入 ui.lua，接着引入 storyboard 函数库，在第 3 行从 storyboard 增加新的场景（scene）。在程序代码第 4 行先声明 screenGroup 变量。程序代码第 5 行声明可能会出现的网页窗口 myWebView，第 6 行是按键 backBtn 的声明。程序代码第 7 行是要用来存放网络状态的变量 isMyNetworkReachable。8～9 行引入背景音效与按键声音。第 10 行是声明一个函数 addWebView，11～20 行程序代码是支持多语系的设定，21～25 行则是支持 iPhone5 的设定，26～29 行产生的 changeSceneEffectSetting，则是设定了要如何转换场景。

声明完变量之后，先直接跳到程序代码的最后，在场景加上四个事件监听器，最后回传场景。

（2）moreapp.lua 页面 createScene 函数

运行支持 storyboard 的文件，一开始就是在 createScene 中绘制场景，请看下列程序代码：

```
122   -- ****************************** --
123   -- ********* storyboard ********* --
124   -- ****************************** --
125   --画面没到屏幕上时，先调用 createScene，负责UI画面绘制
126   function scene:createScene(event)
127       print("***** moreapp createScene event *****")
128       --开始摆放UI
129       native.setActivityIndicator(true)
130       screenGroup = self.view
131       local backgroundRect
132       if isIPhone5 then
133           backgroundRect = display.newRect(0,0,320,568)
134           backgroundRect:setFillColor(213,213,213)
135       else
136           backgroundRect = display.newRect(0,0,320,480)
137           backgroundRect:setFillColor(213,213,213)
138       end
139       screenGroup:insert(backgroundRect)
140       addMenu()
141   end
142
```

由于 moreapp 页面读入网页可能需要时间，所以在一开始先用 129 行的程序码，把 activity indicator，也就是下图左侧中的等待转圈图标显示出来。程序码 130 行设定，把从 storyboard 产生出来场景(scene) 的画面(view)，指派给 screenGroup 显示群组。

131 ~ 139 行在屏幕上加上一个覆盖全屏幕的底图，把这个底图的颜色设成灰色，加入 screenGroup 显示群组中，并且调用 addMenu()，加上按键。

执行完 createScene 之后，屏幕会显示如上图右侧的样子。

（3）moreapp.lua 页面 addMenu 函数

addMenu 函数和 highscore.lua 以及 railinfo.lua 的 addMenu 函数差不多，都是为场景加上一个回到游戏菜单的按钮。

```
31  local addMenu = function()
32      local onBackBtnTouch = function(event)
33          if event.phase == "press" then
34              audio.play(buttonPressedSound)
35          end
36          if event.phase == "release" then
37              storyboard.gotoScene("covermenu",changeSceneEffectSetting)
38              if myWebView then
39                  myWebView.isVisible = false
40                  myWebView:removeSelf()
41                  myWebView = nil
42              end
43          end
44      end
45
46      backBtn = ui.newButton{
47          defaultSrc = "InfoButton_"..language..".png",
48          defaultX=136,
49          defaultY=50,
50          overSrc = "InfoButtonPressed_"..language..".png",
51          overX=136,
52          overY=50,
53          onEvent = onBackBtnTouch
54      }
55      backBtn.x = 160
56      backBtn.isVisible=false
57      screenGroup:insert(backBtn)
58  end
59
```

在程序代码的 46 ~ 57 行产生 backBtn 按钮，把这个按钮调整好位置，放进 screenGroup 这个显示群组中。这边要注意的是程序代码 38 行到 41 行的设定。在 moreapp.lua 这个画面中，按下 backBtn 按钮后，除了回到游戏菜单以外，如果在这个画面里产生了显示网页的画面 myWebView 的话，由于 Corona SDK 里面没办法自动移除网页画面并且释放其内存，所以要记得在离开画面前，用这几行程序代码把网页的画面移除。

（4）moreapp.lua 页面 enterScene()、exitScene() 与 destroyScene()

程序进行完 createScene() 后，接下来会进入 enterScene 函数。

```
143    --画面到屏幕上时，调用enterScene，移除之前的场景，放背景音乐
144    function scene:enterScene(event)
145        print("**** moreapp enterScene event ****")
146        audio.play(backgroundMusic,{loops=-1})
147        storyboard.removeScene("covermenu")
148        addWebView()
149    end
150
151    --画面快要离开屏幕的时候，调用exitScene
152    function scene:exitScene()
153        --停止音乐，释放音乐内存
154        print("**** moreapp exitScene event ****")
155        audio.stop()
156        audio.dispose(backgroundMusic)
157        backgroundMusicMore = nil
158        audio.dispose(buttonPressedSound)
159        buttonPressedSoundMore = nil
160    end
161
162    --画面要被销毁之前，调用destroyScene
163    function scene:destroyScene(event)
164        print("**** moreapp destroyScene event ****")
165    end
166
```

enterScene 函数里，先播放背景音效、移除前一个 covermenu.lua 的
场景，最后加上这个画面的重点，也就是执行 addWebView ，加入网页画面。
exitScene() 停止音乐播放，并且移除音乐、释放音乐所使用的内存。des-
troyScene() 则是单纯在终端机打印出场景消灭的字符串。

（5）moreapp.lua 页面 addWebView 函数 1

在 enterScene 函数里，调用执行 addWebView 函数，来帮画面加上网
页画面。由于这个函数的程序代码很多很长，于是分成两段来解说。

```
60    addWebView = function()
61        --判断是否有网络
62        local http = require("socket.http")
63        local myUrl = "http://tw.yahoo.com"
64        local response = http.request(myUrl)
65        if response ==nil  then
66            isMyNetworkReachable = false
67        else
68            isMyNetworkReachable = true
69        end
70        if isMyNetworkReachable then
71            print ("network checked is ok")
72            native.setActivityIndicator(false)
73            if isIPhone5 then
74                myWebView = native.newWebView(0,0,320,490)
75                myWebView.isVisible = true
76                if os=="Android" then
77                    myWebView:request("http://appsgaga.com/AndroidMobileMiniWebSite/mobile.html")
78
79
80                else
81                    myWebView:request("http://appsgaga.com/MobileMiniWebSite/mobile.html")
82
83
84                end
85
86                backBtn.y= 529
```

```
87        else
88            myWebView = native.newWebView(0,0,320,402)
89            myWebView.isVisible = true
90            if os=="Android" then
91                myWebView:request("http://appsgaga.com/AndroidMobileMiniWebSite/mobile.html")
92
93            else
94                myWebView:request("http://appsgaga.com/MobileMiniWebSite/mobile.html")
95
96            end
97            backBtn.y= 441
98        end
```

程序代码的 62 ～ 69 行判断显在手机上是否有网络，并且把结果存在
isMyNetworkReachable 这个变量里面。这个 addWebView 的函数没有
在 ente rScene() 调用而是在画面已经到屏幕上才调用的原因是，要检查是否
有网络需要花少许的时间。如果把这样的程序码放在 createScene() 的话，会
发现程序在游戏菜单按到"更多游戏"的按钮时，整个程序会暂停一下，会让
使用者有死机的错觉。因此，请先像本范例一样先加入 activity indicator，在
enterScene() 整个画面都到屏幕上后，再执行类 似 addWebView() 的动作。

如果 isMyNetworkReachable 是 true、有网络的话，则执行 71 ～ 98 行的
程序代码，把网页画面放到屏幕上：先用 native.setActivityIndicator(false) 把
activeity indicator 移除，再用 native.newWebView() 函数产生网页画面，接着
是用 webView:request() 的函数，把要载入的网址放进括号中载入网页。最后调
整 backBtn 的位置。

（6）moreapp.lua 页面 addWebView 函数 2

如果测试后发现手机并没有收到网络信号，则会执行下面的程序代码。

```
99      else
100         print ("network checked is not ok")
101         native.setActivityIndicator(false)
102         if isIPhone5 then
103             local backgroundImage =
104             display.newImageRect("MoreAppBackgroundiPhone5_"..language..".png",320,568)
105             backgroundImage.x= 160
106             backgroundImage.y = 284
107             screenGroup:insert(backgroundImage)
108             backBtn:toFront()
109             backBtn.y= 507
110         else
111             local backgroundImage =
112             display.newImageRect("MoreAppBackground_"..language..".png", 320, 480)
113             backgroundImage.x= 160
114             backgroundImage.y = 240
115             screenGroup:insert(backgroundImage)
116             backBtn:toFront()
117             backBtn.y= 402
118         end
119     end
120     backBtn.isVisible = true
121 end
```

先还是用 native.setActivityIndicator(false) 把 activeity indicator

移除，接着贴上盖住整个屏幕背景图 backgroundImage。由于在背景图之前已经加入了按 钮，所以用 backBtn:toFront() 把按钮移到图层的最上面，并且调整按钮的位置。这样，就完成了最后一个页面 moreapp.lua 的介绍。"台湾铁路通" 所有程序代码的介绍到此告一段落。

学到了什么

以上以解释程序代码的方式说明"台湾铁路通"是怎么做出来的。在本章里，我们学到：

1.storyboard 的使用

首先引入 storyboard 函数库，增加新的场景（scene）、声明新的显示群组（displayGroup），把 storyboard 产生出来场景（scene）的画面（view），指派给这个显示群组。接下来在场景（scene）中选择性加入 4 个事件监听器（eventListener）、实训 storyboard scene 的四个方法，最后回传产生好的场景。

2.如何显示多语系的图片

利用 userDefinedLanguage 或是 system.getPreference("ui","language") 得到用户手机上的语言设定，再利用这个结果读进不同的图文件。

3.存档与读取高分

参考 gameplay.lua 文件里面的 saveRecord 与 loadRecord 函数。先用文件名取得文件路径，用 io.open 打开文件之后，再做后续的处理。

4.转换字符串和数字

使用 tostring() 可以把数值数据转换成字符串；使用 tonumber 函数，可以把字符串数据转换成数值。

5.利用 isVisible 显示或隐藏图片

在游戏制作的过程中，先把所有的图都放在固定的位置。之后再依不同的需求，使用 isVisible 来控制显示或隐藏图片。

6.利用显示群组来换图

显示群组可以用来当成图形显示的容器，用来更换不同的图形。请参考 game play.lua 文件，配合类似 changeImage() 的函数，会让整个换图工作更加轻松容易。

7.定制化字型

使用 bmGlyph 制作后缀名为 .fnt 的字型后，在 Corona SDK 要使用这样的文件必须先把 bmf.lua 的文件与字型文件放进项目文件夹内，在要使用的文件里先引入 bmf.lua，再用 bmf.loadFont() 把字体读进来，用 bmf. newString() 制作显示文字对象。

8. 如何计时

使用 timer.performWithDelay() 可以计时。把回传值存起来的话，日后还可以 用 timer.cancel() 来取消计时的工作。

9. 如何取得随机数

先在要取随机数的文件前面，用 math.randomseed(os.time()) 设定随机数种子数，再用 math.random() 取随机数。不要忘了可以配合 gameplay. lua 里的 shuffleMy Array 取得不重复的多个随机数。

10. 暂停与继续播放音乐

可以利用 audio.pause() 暂停音乐；用 audio.resume() 继续播放音乐。

11. 判定是否有连接网络

利用 moreapp.lua 文件里 addWebView 中的方法：先引入 socket. http，再去试着连接一个绝对可以连接到的网站（如奇摩雅虎或 Google），来判定手机是否有连接网络。

12. 网页画面的加入与移除

利用 native.newWebView 产生网页画面，用 webView:request() 来连接网址，记得离开画面之前，要手动移除网页画面。

以上用前几章所学的知识，配合上 storyboard 函数库，制作了已经上架，并且曾经冲进排行榜前 15 名的游戏。制作游戏并不难，先把想要达成的画面与功能想好，用文字与简图排演过一遍，再用 Corona SDK 把想好的各个场景制作出来。现在做手机游戏有点像是美工剪贴，先把会使用到的图形准备好，依序贴到屏幕上，设定位置及是否显示后，侦测各个互动事件，执行相对应的函数，就是一个游戏了。

看过这些章节后，你要开始做你自己的游戏了吗？

Chapter 10
继续学习规划

　　经由本书的内容，读者已经可以使用 Corona SDK 制作一个完整的游戏。从基本架构的介绍、已经介绍了显示物件、显示群组、动画制作、物理引擎应用，以及利用 storyboard 函数库来串接各个场景。在本章中，将要提供读者几个方向，供读者继续学习、认识 Corona SDK 不同的面向。

在本章里，你可以学到：

1. 利用 Corona SDK 内的范例程序码，学习不同类型的应用程序开发
2. 利用 Corona SDK 官网查询到各种有用的信息网页
3. 利用各个学习网页，快速学习到更多的技术

　　你将会发现，通过这些资源，好像打开了好多扇窗，可以分别进入各种不同的新世界。让我们利用 Corona SDK 更快速地开发各种不同的应用程序吧。

10-1 Corona SDK 内的范例程序代码介绍

在下载 Corona SDK 后，Corona SDK 就随套件附赠许多的范例文件，给用户做参考。之前在 CH2 里，我们只看了 Hello World 那个范例程序。如果打开不同的文件夹，会发现更多不同的惊喜。

（1）利用 Interface 文件夹的范例程序代码学习开发一般程序

找到"应用程序"文件夹里面的"Corona SDK"文件夹，再进入其中的"SampleCode"文件夹。打开里面的"Interface"文件夹后，再进入里面的"WidgetDemo"文件夹，打开执行 main.lua 文件。如上图，你会发现原来利用 Corona SDK，还可以制作出一般非游戏类的应用程序。一般在应用程序会出现的 tabBar、tableView、ScrollView、PickerView，还有各种小组件，在 Corona SDK 都可以做出来。

除此以外，在 Interface 文件夹里面，还有显示地图 MapView 的范例程序代码、如何侦测机器转向的 Orientation，以及各个组件的范例文件。可以用文字编辑器打开，学习如何做出各种不同的应用程序。

（2）Physics 文件夹中更多和物理引擎相关的范例

在本书的 CH7 介绍了 Corona SDK 的物理引擎。其实关于物理引擎还有很多有趣的范例。如上图，Chains 范例中利用 joint 连接各个物理对象，可以做出链条的感觉。Bridge 范例、Bullets 范例都值得读者们打开来研究。

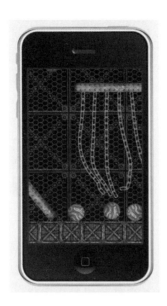

（3）Media 文件夹中有更多和图片照片相关的范例

如图，在范例文件夹 Media 中的 StreamingVideo 示范如何用 Corona SDK 播放短片。除此以外，还有 Camera 范例示范如何调用手机上的照相机，PhotoPicker 示范如何取用手机中相册的照片，SimpleAudioRecorder 示范如何用 Corona SDK 录音……这些都是很实用的范例。

（4）其他的范例程序代码

在 Corona SDK 随套件附上的范例文件中，还有在 Ads 文件夹里，示范如何像上图一样，在游戏里加上广告。GameNetwrok 文件夹里，示范如何链接 iOS 的 Game Center。Notification 文件夹里的程序代码，示范如何发出各种提示讯息。Networking 文件夹里的程序代码，示范如何和网络做链接，如何应用 Facebook、Twitter 等社交网站的数据。Hardware 文件夹示范如何接受加速度器数据、陀螺仪方位数据、GPS 等信号。可以利用这些功能，来做出各种有趣的游戏。

10-2 到 Corona SDK 官网挖宝

除了 Corona SDK 本身附带的范例程序代码以外，在 Corona SDK 的官网，还有很多可以参考的资料，在制作游戏的过程当中，可以常来官网上挖宝。

（1）Corona API REFERENCE 完整的开发文件在这里

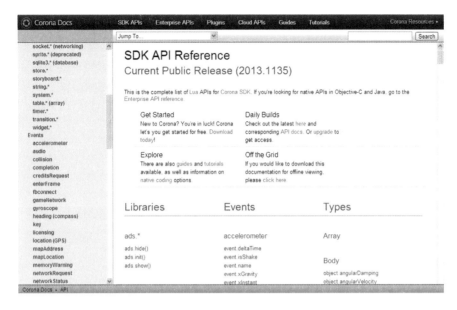

网址 http://docs.coronalabs.com/api

记录着 Corona SDK 很多的开发资料。开发的过程中碰到问题的话，可以来这边查询。在 display 项目里可以查到所有显示对象的设定。在 events 项目里，可以查到各种事件和相关的处理。在 storyboard 项目里，可以查到更多关于 storyboard 的使用，包括了在各个场景中传递数据，以及其他书中没有提到的 storyboard 事件。

（2）更多有用的范例程序代码

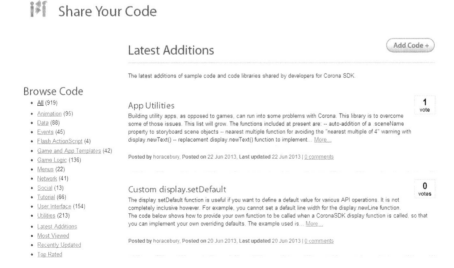

网址 http://developer.coronalabs.com/code

这个网址收录了好多的范例程序代码。不同的开发者在这个网页提供了各类游戏的 原始码，供所有使用 Corona SDK 的人使用。可以参考甚至套用这些程序代码，快速做出自己的游戏。除了游戏的框架以外，还有和动画、电子书、各种有用元件相关的主题。想要用 Corona SDK 来写面向对象程序的话，网页中也有如何用表格来达成类似面向对象的程序代码。

（3）想不通的问题，来论坛问问大家吧！

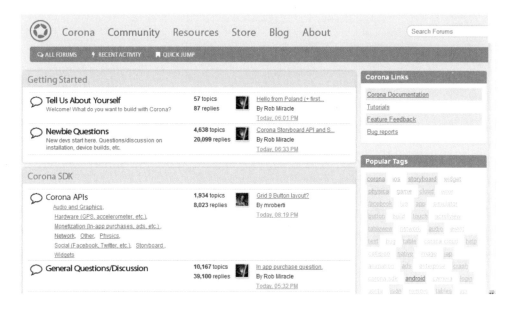

网址 http://forums.coronalabs.com

想不通的问题，可以到这边来留言询问。通常都会有热心的开发者会回答你提出来的问题。如果没有人响应的话，如果提问的使用者是付费的开发者，Corona SDK 公司也会有人专门会回答使用者提出来的问题。Corona SDK 是支持服务很好的平台，有问题的时候，欢迎读者多多利用这些功能。

10-3 各种网络上的学习资源

除了官方的范例程序代码与官网的各种资源外，网络上也有很多很不错的学习资源，接下来要介绍其中几个网站，供大家参考。

（1）汇集很多学习资源的网站：learningcorona.com

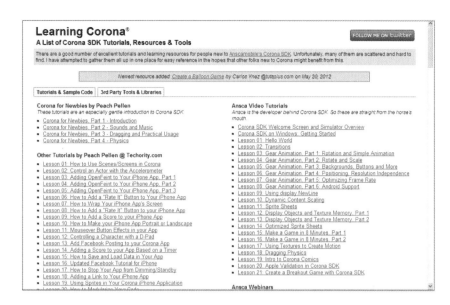

网址 http://www.learningcorona.com/

汇集了各种学习 Corona SDK 的数据，包括官方的很多教程，以及不同机构推出的文章或是短片数据。虽然这边有大量的资料可以学习，不过由于 Corona SDK 本身常有更新，于是很多的资料已经过时。阅读的时候，请读者多多留意。

（2）和 lua 语言相关的网站

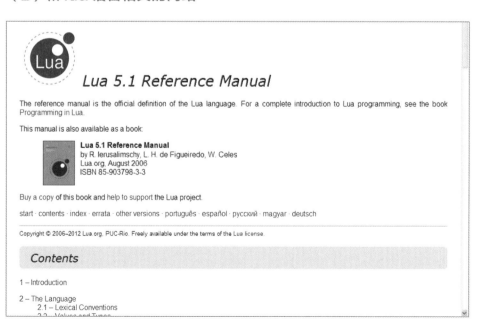

网址 http://www.lua.org/manual/5-1

是 lua 语言的开发文件网页。对于 lua 语法有问题的话，可以来这个网页找答案。进入第一个选项 Lua Wiki，可以看到 Lua Directory 表列各个数据。在本书的 CH4 介绍 lua 语言的基础，而在这个网页，可以学到更多和 lua 语言相关的知识。比方说更多处理表格的方法，如何切分字符串以及合成字符串等。有和 lua 语言相关的问题，可以在 Lua Wiki 右上角的搜寻栏中，直接搜寻相关的答案。

（3）繁体中文的 Corona SDK 百科全书

网址 http://learningcoronasdk.blogspot.tw

魏巍的 Corona SDK 百科全书是作者经营的网页。把 Corona SDK 的各种开发知识分门别类，用中文介绍给所有的网友。各种常用到的程序代码，这边都查得到。不时会增加新的内容，欢迎读者查阅指教。

学到了什么

以上介绍了各种 Corona SDK 的学习资源，欢迎大家好好利用。在本章里，我们学到：

1. 利用 Corona SDK 内的范例程序代码，快速开发不同类型的应用程序

打开 Corona SDK 内的范例程序代码，才知道这个工具可以开发更多一般的应用程序。应该好好研究，做出自己心中理想的作品。

2. 如何利用 Corona 官网的资料

Corona SDK 官网提供各种有用的资料。其中包括完整的开发文件、实用的范例程序代码，与可以回答使用者问题的论坛网页。

3. 如何利用各种网络上的学习资源

利用 learningcorona.com 来学习各种和 Corona SDK 相关的技术，到 lua 语言的官方网站学习更多和 lua 程序语言相关的知识，到 Corona SDK 的百科全书网页，有中文撰写的 Corona SDK 数据。

到此，本书已经给予读者 Corona SDK 的开发知识。以及从本书学习到的技术，相信读者已经有能力开发出自己的游戏，并将作品于苹果的 App Store 与 Google 的 Play Store 上架。希望读者善用本书的内容，将自己心里对游戏的想象化为现实。祝福大家在开发之路上顺利成功，期待看到大家做出来的游戏！

附录　cookbook.lua

（1）移除 statusBar

```
display.setStatusBar(display.HiddenStatusBar)
```

（2）放置图片

```
local image = display.newImageRect("imageName.png",480, 320)
image.x = 240
image.y = 160
```

（3）制作按钮（要先把 ui.lua 放进）

```
local ui = require("ui")
local onButtonTouched = function(event)
    if event.phase == "press" then
        print"just pressed sound button"
    end
    if event.phase == "release" then
        print"just released sound button"
    end
end
local myButton = ui.newButton{
            defaultSrc = "buttonImage.png",
            defaultX=51,
            defaultY=2 2 4,
            overSrc = "buttonImagePressed.png",
            overX=51,
            overY=224,
            onEvent = onButtonTouched,
            id="myButton1",
            text="",
            font = "Helvetica",
            textColor = {255,255,255,255},
            size = 16,
```

```
                    emboss = false
        }
        myButton.x = 37
        myButton.y = 131
```

（4）播放声音、暂停播放、释放声音内存

```
        audio.loadStream() --load 背景音乐
        audio. loadSound () --load 音效
        audio.play()
        audio.pause()
        audio.resume()
        audio.dispose()
        audioTrac k = nil
```

（5）函数定义

```
        local functionName=fanction()
            -- 要做的事
        end
```

（6）for 循环

```
        for i=1,10 do
            print(i)
        end
```

（7）while 循环

```
        local i=1
        while i<=10 do
            print (i)
            i = i + 1
        end
```

（8）if 判断 1

```
        if something then
        -- 要做的事
        end
```

（9）if 判断 2

```
if something then
        -- 要做的事
elseif something else then
        -- 要做的事
end
```

（10）if 判断 3

```
if something then
        -- 要做的事
else
        -- 要做的事
end
```

（11）生成有次序的 table 1

```
local fruitBag = {}
fruitBag[1] = "apple"
fruitBag[2] = "banana"
fruitBag[3] = "mango"
 print(fruitBag[1])
```

（12）生成有次序的 table 2

```
local fruitBag ={"apple","banana","mango"}
print(fruitBag[1])
```

（13）生成无次序的 table

```
local fruitBag={
        red="apple",
        yellow="banana"
}
fruitBag.green = "mango"
print(fruitBag.red)
print(fruitBag["red"])
```

（14）table 的数量

```
#table
```

（15）table 加入元素

table.insert(tableName,position,addElement)

（16）table 移除元素

table.remove(tableName,position)

（17）有次序的 table 列举元素

```
fori=1, #fruitName do
    print(fruitName[i])
end
```

（18）无次序的 table 列举元素

```
for key,value in pairs (tableName) do
end
```

（19）改变图形位置

object.x

object.y

（20）改变图形大小

object.xScale --2 的话是 2 倍，1 的话是 1 倍

object.yScale

（21）图形旋转

object.rotation-- 角度

（22）图形可见

object.isVisible --true or false

（23）图形透明度

object.alpha --1 到 0，0 是完全透明

（24）画圆形

```
local myCircle = display.newCircle( 10 0 , 10 0 , 3 0 )
myCircle:setFillColor(128,128,128)
myCircle.strokeWidth = 5
myCircle:setStrokeColor(128,0,0) -- red
```

（25）画方形

```
local myRectangle = display.newRect(0 , 0, 150 , 50)
```

myRectangle.strokeWidth = 3

myRectangle:setFillColor(140, 140, 140)

myRectangle:setStrokeColor(180, 180, 180)

（26）画圆角方形

local myRoundedRect = display.newRoundedRect(0, 0,150,50,12)

myRoundedRect.strokeWidth = 3 myRoundedRect:setFillColor(140, 140, 140)

myRoundedRect:setStrokeColor(180, 180, 180)

（27）画多边形；

local star = display.newLine(0,−110, 27,−35)

star:append(10 5,−35, 43,16, 65,90, 0,45, −65,90, −43,15, −105,−35，−27,−35, 0,−110)

star:setColor(255, 102, 102, 255)

star.width = 3

（28）移动图层顺序

object:toFront()

object:toBack()

（29）移动东西，或是改变东西的状态、变形

transition.to(somethingToMove,

{time = 1200 , x=25 0, transition = easing.outExpo,

onComplete = function () justDoSomeThing = false end})

easing.inExpo()

easing.inOutExpo()

easing.inOutQuad()

easing.inQuad()

easing.linear()

easing.outExpo()

easing.outQuad()

（30）过一段时间要执行某函数的写法，用 timer.performWithDelay()

local doSomething = function()

print("do something")

```
        end
    timer.performWithDelay(2000,doSomething)
```

（31）触碰事件
```
    moveMyCar = function(event)
        if event.phase=="began"then
            transition.to(car,{time=800, x=event.x, y = event.y})
        end
    end
    Runtime:addEventListener("touch", moveMyCar)
```

（32）加上触摸事件监听器
```
    local justTouchScreen = function(event)
        --do something here, event.phase=="began" or "ended"
    end
    Runtime:addEventListener("touch", onSceneTouch)
```

（33）各种滑动手势侦测
```
    local justTouchScreen = function(event)
        if event.phase == "ended" then
            if event.xStart < event.x and (event.x - event.
xStart)>=30
    then
                print( "swipe right")
                car.x = car.x+10
                return true
        elseif event.xStart > event.x and (event.xStart - event.
x)>=30 then
                print ( "swipe left")
                car.x = car.x-10
                return true
        end
            if event.yStart < event.y and (event.y - event.yStart)>=30
        then
```

```
            print ( "swipe down")
            car.y = car.y+10
            return true
        elseif event.yStart > event.y and (event.yStart - event.
y)>=30
    then
            print ( "swipe left")
            car.y = car.y-10
            return true
            end
        end
    end
    Runtime:addEventListener("touch", onSceneTouch)
```

（34）单单为某一物体加上触碰监听器 1

```
    local j ustTouchCar = function(event)
        --do something here, event.phase=="began" or "ended"
    end
    car:addEventListener("touch", justTouchCar)
```

（35）单单为某一物体加上触碰监听器 2

```
    function car:touch(event)
        --do something here, event.phase=="began" or "ended"
    end
    car:addEventListener("touch", car)
    --Endless Running Game
    --object. enterFrame = scrollSomething // 不同的背景、不同的速度
    --movieClip
    local movieclip = require("movieclip")
    local car
    car = movieclip.newAnim({"MyCar1.png","MyCar2.
png" ,"MyCar3.png"

                "MyCar4.png","MyCar5.png","MyCar6.png",
```

```
                    "MyCar7.png","MyCar8.png""MyCar9.
png","MyCar10.png"})
    car:setSpeed(.4)
    car:setDrag{drag=true}
    car:play()
    car.x = 83
    car.y = 379
```

（36）不停放大缩小的按钮

```
    local function startBtnScaleUp()
        local startBtnScaleDown=function()
            transition.to(startBtn,{time=150,xScale=1,yScale=1,onC
    omplete= startBtnScaleUp})
        end
        transition.to(startBtn,{time=150,xScale=1.06,yScale=1.06,
onCom
    plete= startBtnScaleDown})
    end
    startBtnScaleUp()
```

（37）支持 iphone5

```
    --config.lua
    local thisDeviceHeight =480
    if (system.getInfo("model")=="iPhone")or(system.
getInfo("model")==" iPod touch") then
        local isIPhone5 = (display.pixelHeight>960)
        if isIPhone5 then
            thisDeviceHeight=568
        end
    end
    application =
    {
```

```
content =
{
width=320,
height=thisDeviceHeight,
scale="zoomStretch",
fps=30,
antialias=true,
imageSuffix=
{
    ["@2x"]=1.8,
    },
},
},
```

（38）程序里处理 iphone5 图片大小

```
local isIPhone5
checkOutIfItsIPhone5 = function()
    if display.contentScaleX ==0.5
        and display.contentScaleY =0.5
        and display.contentWidth ==320
        and display.contentHeight==568 then
        isIPhone5 = true
        end
    end
    drawBackground = function()
        if isIPhone5 then
            local background = display.newImageRect("Backg-
roundiPhone5. png",320,568)
            background.x = 160
            background.y = 284
        else
            local background = display.newImageRect("Background.
```

png",320,480)

```
                    background.x = 160
                    background.y = 240
            end
        end
```

（39）移除物体

```
    object:removeSelf()
```

（40）物理引擎使用

```
    local physics = require "physics"
    physics.start()
    physics.addBody()
    object:applyForce()
```

（41）物理物体碰撞

```
    onCollision = function(event)
        if event.phase == "began" then
            --do something here
        end
    end
    Runtime:addEventListener("collision", onCollision)
    --storyboard
    local storyboard = require("storyboard")
    local scene = storyboard.newScene()
    local screenGroup
```

（42）画面没到屏幕上时，先调用 createScene，负责 UI 画面绘制

```
    function scene:createScene(event)
        screenGroup = self.view
        -- 要做什么事写在这里
    end
```

（43）画面到屏幕上时，调用 enterScene，移除之前的场景

```
    function scene:enterScene(event)
```

```
        —— 要做什么事写在这里
    end
```

（44）即将被移除，调用 exitScene，停止音乐，释放音乐内存

```
    function scene:exitScene()
        —— 要做什么事写在这里
    end
```

（45）下一个画面调用完 enterScene、完全在屏幕上后，调用 destroyScene

```
    function scene:destroyScene(event)
        —— 要做什么事写在这里
    end
    scene:addEventListener("createScene",scene)
    scene:addEventListener("enterScene",scene)
    scene:addEventListener("exitScene",scene)
    scene:addEventListener("destroyScene",scene)
    return scene
```

（46）storyboard 到别的场景

```
    local setting ={
        effect = "slideLeft",
        time = 300,
    }
    storyboard.gotoScene("otherScene", setting)
```

（47）判断语系

```
    local language = "en"
    local thisOS=system.getInfo("platformName")
    if thisOS=="Android"then
        print( "Don't support Android")
    else
        language = userDefinedLanguage or system.
    getPreference("ui","language")
```

```
                if language~="zh-Hant" then
                        language="en"
                end
        end
```

（48）加入不同语系图片

```
coverTitle = display.newImageRect("CoverTitle_"..
language..".png",318,124)
```

（49）判断是否有网络

```
local isMyNetworkRe achable
local http = require("socket.http")
local myUrl = "http://tw.yahoo.com"
local response = http.request(myUrl)
if response ==nil then
        isMyNetworkReachable = false
else
        isMyNetworkReachable = true
end
--WebView
local myWebView = native .newWebView (0,0,320,412)
myWebView:request("http://appsgaga.com/AndroidMobileMiniWebSite/
mobile.html")
```

（50）用完 webView 要记得丢弃

```
myWebView:removeSelf()
myWebView = nil
```

（51）用自己的文字

```
require('bmf')
local myleftLabelFont=bmf.loadFont('LeftLabelFont.fnt')
local leftLabel = bmf.newString(myleftLabelFont,"someString")
```

（52）存取数据

```
saveRecord=function(strFileName, tableValue)
```

```
        --will save speified value to specified file
        local theFile = strFileName
        local theValue = tableValue
        local path = system.pathForFile(theFile,system.
DocumentsDirectory)
            --io.open opens a file at path; returns nil if no file found
        local file = io.open(path,"w+")
        if file then
            file:write(theValue)
            io.close(file)
        end
    end
    loadRecord = function (strFileName)
            --will load specified file, or create new file if doesn't exist
        local theFile = strFileName
    local path = system.pathForFile(theFile, system.
DocumentsDirectory)
    --io.open opens a file at path; returns nil if no file found
    local file = io.open(path,"r")
    if file then
            --read all contents of file
        local myValue = file:read( "*a")
        print ("returnTable form loadRecord= " .. myValue)
        io.close(file)
        return myValue
    else
            --create file because it doesn't exist yet
        local file = io.open(path,"w+")
        file:write("99.99")
        io.close(file)
        local saveTable="99.99"
```

```
            return saveTable
        end
    end
```

（53）字符串长度

string.len()

（54）切分字符串

string.sub(" 某个字符串 ",1,2)

（55）数字转字符串

tostring()

（56）字符串转数字

tonumber()